SURGICAL INSTRUMENTS

|实|用|手|术|室|护|理|丛|书|

IDENTIFICATION AND ALLOCATION OF
SURGICAL INSTRUMENTS

手术器械识别与组配方案

全彩图文版

主　审　聂国辉

主　编　谢小华　钮敏红　龚喜雪

副主编　于　从　贺红梅　陈　晖　陈　浩

编　者　李季鸥　鲍亚楠　卢梅芳　陈友姣　牛玉波

　　　　王美华　雷红霞　刘　勇　吴仁光　李　艳

秘　书　甄　兰

U0383919

C S K 湖南科学技术出版社 · 长沙

国家一级出版社　全国百佳图书出版单位

图书在版编目（CIP）数据

手术器械识别与组配方案 ：全彩图文版 / 谢小华, 钮敏红,
龚喜雪主编. — 长沙 ：湖南科学技术出版社,2023.8
（实用手术室护理丛书）
ISBN 978-7-5710-2436-9

Ⅰ. ①手… Ⅱ. ①谢… ②钮… ③龚… Ⅲ. ①手术器械－
图集 Ⅳ. ①TH77-64

中国国家版本馆 CIP 数据核字 (2023) 第 161937 号

SHOUSHU QIXIE SHIBIE YU ZUPEI FANG'AN QUANCAI TUWEN BAN

手术器械识别与组配方案 全彩图文版

主　　审：聂国辉
主　　编：谢小华　钮敏红　龚喜雪
出 版 人：潘晓山
责任编辑：李　忠　杨　颖
出版发行：湖南科学技术出版社
社　　址：长沙市芙蓉中路一段 416 号泊富国际金融中心
网　　址：http://www.hnstp.com
湖南科学技术出版社天猫旗舰店网址：
　　　　　http://hnkjcbs.tmall.com
邮购联系：0731-84375808
印　　刷：长沙新湘诚印刷有限公司
　　　　　（印装质量问题请直接与本厂联系）
厂　　址：长沙市开福区伍家岭街道新码头路 9 号
邮　　编：410008
版　　次：2023 年 8 月第 1 版
印　　次：2023 年 8 月第 1 次印刷
开　　本：770mm×1000mm　1/16
印　　张：27.5
字　　数：328 千字
书　　号：ISBN 978-7-5710-2436-9
定　　价：98.00 元

主审简介

聂国辉，深圳市第二人民医院院长，广东省高水平临床重点专科学科带头人，深圳市纳米酶肿瘤转化医学重点实验室负责人，深圳市耳鼻咽喉疾病临床医学研究中心主任，二级主任医师，博士生导师。

从事耳鼻咽喉科临床及基础研究 38 年余，有扎实的专业基础理论知识和熟练的临床诊疗技能，主要研究方向为听觉及平衡相关疾病的基础和临床、鼻咽癌早筛早诊断及治疗相关研究。近年来注重研究纳米材料尤其是单原子纳米酶在鼻咽癌诊疗、听觉器官损伤修复等的应用，以相关内容为基础主持国家自然科学基金重大项目、深圳市可持续发展重点专项等研究课题。先后承担国家、省市级课题 20 余项，获省级科研成果二等奖一项、三等奖两项；主编专业书籍 1 部，参编 2 部，授权专利 16 项；至今在 *Cell Metabolism*、*Nature Communications*、*PNAS* 等期刊发表论文 80 余篇，以第二执笔者发表《鼻咽癌标志物临床应用专家共识（2019）》，为我国鼻咽癌早筛早诊做出了有益的探索，参与撰写《中国听神经病临床实践指南（2022 版）》。总被引用次数 3000 余次，h 指数 26（谷歌学术）。

主要学术兼职：现任中华医学会耳鼻咽喉－头颈外科学分会委员会委员，广东省医学会耳鼻咽喉学分会副主任委员，广东省医师协会理事会理事，广东省医师协会耳鼻咽喉学分会常委，广东省医院协会副会长，广东省中西医结合学会常务理事，深圳市医学会第八届理事会副会长，深圳市医学会耳鼻咽喉专业委员会主任委员，深圳市医师协会耳鼻咽喉头颈外科医师分会名誉会长，深圳市中西医结合学会会长等；担任《中华耳科学杂志》《中国耳鼻咽喉颅底外科杂志》《听力学及言语疾病杂志》《广东医学》等医学杂志编委。

主编简介

　　谢小华，主任护师，硕士生导师，博士后合作导师，深圳市第二人民医院护理部主任、深圳市医学重点学科护理学科带头人、"医疗卫生三名工程"依托单位学科带头人。兼任深圳市护理学会副理事长、深圳市急诊护理专业委员会主任委员、广东省护理学会湾区院前急救护理专业委员会主任委员、广东省护士协会副会长、中华护理学会社区护理专业委员会委员。先后获中国医院品质管理联盟"全国医院品管圈积极推动先进个人"，中国南丁格尔志愿护理服务总队"中国护士志愿精神魅力分队长"，广东省"三八红旗手"，广东省护理学会"杰出护理工作者"，深圳市优秀共产党员。

　　主要研究方向为急危重症护理、护理管理。2019 年英国伦敦国王学院护理管理培训，2015 年哈佛医学院医院管理培训 1 年，2014 年新加坡管理进修学院医院管理培训，2012年澳大利亚 Monash University 专科护理培训，2010 年英国 Bournville College 专科护理培训。主持广东省科研基金项目等课题 23 项，主编专著 6 部、副主编专著 2 部，以第一作者或通讯作者发表论文 70 余篇，其中 SCI 论文 13 篇。荣获亚洲医院管理银奖、深圳市科技进步三等奖、广东省科技进步二等奖、广东省护理学会护理管理创新特等奖、中华护理学会科技奖三等奖、安徽医科大学研究生教育管理工作先进个人等奖项。

　　钮敏红，副主任护师，深圳市第二人民医院手术室科护士长。曾经在中国香港、瑞士、韩国等地进修学习专科护士及管理，为首批广东省赴港专科护士之一。兼任广东省手术室质量控制中心专家组成员、广东省护理学会手术室专业委员会副主任委员、广东省护士协会手术室分会副会长及第二届理事会洁净手术部建设专业委员会副主任委员、深圳市护理学会手术室护理专业委员会副主任委员、深圳大学医学院兼职教师、深圳职业技术学院兼职教师、安徽医科大学护理学院优秀带教老师。主持深圳市科研课题 1 项，深圳市继续教育项目 6 项，院级质控提升项目 1 项，院级教育改革项目 1 项，参编专著 4 部，发表论文 12 篇，申请并通过国家专利 5 项。

龚喜雪，副主任护师，深圳市第二人民医院手术室护士长，兼任广东省护理学会第九届理事会手术室安全与质量管理专业委员会副主任委员、广东省护士协会第二届理事会手术室智能化管理专业委员会副主任委员、广东省胸部疾病学会护理分会委员、深圳市护理学会手术室专业委员会委员。1997 年从事手术室临床、科研及教学工作至今，在围术期配合、组织协调、科室管理等方面经验丰富。参与市级科研课题 1 项，院级高水平医院提升课题 1 项，主编专著 2 部，参编专著 6 部，发表论文 6 篇，申请并通过国家专利 3 项，主持市级继续教育项目 1 项。获得 2017 年度安徽医科大学护理学院"优秀实习带教老师"荣誉称号，获得 2014、2017、2018、2020、2021 年度深圳市第二人民医院"优秀护士长"荣誉 ，参加 2019 年广东省护理学会手术室创新项目竞赛，荣获"广东省手术室护理管理创新项目三等奖"。

副主编简介

　　于从，主任护师，硕士研究生导师，深圳市第二人民医院护理部副主任。兼任深圳市护理学会安宁疗护专业委员会主任委员、深圳市中西医结合学会护理专业委员会主任委员、深圳市护理学会护理教育工作专业委员会副主任委员、深圳市护士协会健康老龄发展分会副会长、深圳市生前预嘱推广协会总干事兼副会长、广东省护理学会安宁疗护专业委员会副主任委员、广东省护士协会安宁疗护中心建设与质量评价管理委员会主任委员、中国老年保健医学研究会缓和医疗分会会员、中华护理学会安宁疗护专业委员会专家库成员。先后荣获深圳市优秀共产党员、中国共产党深圳市第七次代表大会党代表。主要研究方向为安宁疗护、护理管理。2022年参加粤港联合培养安宁疗护专科护士培训。主持广东省科研基金项目等课题7项，主编专著3部、副主编专著3部，以第一作者或通讯作者发表论文20余篇，其中SCI论文1篇。

　　贺红梅，副主任护师，深圳市第二人民医院手术室工作29年，对心胸外科、泌尿外科、烧伤整形外科、眼耳鼻咽喉口腔科、普通外科、骨科、神经外科、妇产科等具有丰富的手术室护理及管理经验。兼任广东省智能化手术室建设委员会常务委员、广东省护理学会手术室专业委员会专家库成员、深圳市健康管理协会血管外科专业委员会委员、深圳市手术室专业委员会委员。近年参与市级科研课题1项，院级高水平医院提升课题1项，主编专著2部，参编专著1部，发表论文5篇，获批国家实用新型专利3项，主持市级继续教育项目1项，参与编写《专科手术配合流程及指引》，担任深圳大学医学院临床医学《外科学总论》见习科教师，指导示范医学生手术室相关技能操作。

陈晖，主任护师，深圳市第二人民医院重症急救医学部科护士长，深圳大学医学院和护理学院兼职教师。从事临床工作34年，有较丰富的临床护理和管理经验，主要研究方向为急危重症护理，护士规范化培训，压疮、伤口、造口皮肤护理。兼任中华护理学会第27届理事会重症护理专业委员会专家库成员、广东省护理学会危重症护理专业委员会副主任委员、广东省健康管理学会压疮慢性伤口康复专业委员会常务委员、深圳市护理学会重症监护护理专业委员会副主任委员、深圳市护士协会护士培训管理分会副会长、深圳市健康管理协会压疮慢性伤口康复专业委员会副主任委员、深圳市医学继续教育中心兼职教师。近年发表论文11篇，参编专著3部。

陈浩，副主任护师，深圳市第二人民医院骨关节骨肿瘤科护士长。兼任中国生命关怀协会智慧照护与健康养生专业委员会委员、广东省护理学会骨盆髋臼创伤护理专业委员会副主任委员、深圳市康复医学会骨关节与风湿病专业委员会常务委员、深圳市护理学会骨科护理专业委员会委员、深圳市抗癌协会骨与软组织肿瘤专业委员会第二届委员会委员、深圳市预防医学会骨病防治与骨健康专业委员会委员。对复杂、超高龄人工髋膝关节置换及翻修的护理，四肢、骨盆恶性骨肿瘤保肢术的围手术期护理，微创治疗高龄老年髋部骨折患者具有丰富的临床护理经验。主持开展护理新技术、新项目5项，参与完成深圳市科技创新委员会立项课题研究2项，发表护理核心论文5篇，参编专著3部，申请发明专利2项。

前言

"工欲善其事，必先利其器"。手术器械是外科手术能够得以顺利进行必不可少的工具，是外科医生的得力助手，也是手术室护士的亲密战友。随着科学技术的不断进步和外科技术迅猛发展，手术器械种类和功能愈加专科化和精细化。深圳市第二人民医院手术室近些年来根据外科手术的发展需求，针对手术器械识别与组配方案，一直不断加以完善和改进。为了促进手术室护理专业内涵的提升，我们编写了《手术器械识别与组配方案（全彩图文版）》一书与同行分享。

本书共分为 3 章。第一章，介绍识别外科常用基础器械、专科手术基础器械以及综合腔镜器械等手术器械，以便读者正确了解各种手术器械的结构特点、基本性能，为正确使用器械和灵活应用器械提供前提和保证。第二章，图文并茂地介绍了普通外科、妇产科、骨科、神经外科、心胸外科、血管外科、耳鼻咽喉科、口腔颌面外科、烧伤整形外科等 20 余个手术专科 200 套手术器械、31 套综合动力系统器械、25 套综合腹腔镜器械的优化组配方案和适用手术类型，以方便临床相关人员快速熟悉和掌握专科手术器械，提高工作效率。第三章，从手术器械、手术耗材等方面详细介绍了 11 个专科 145 种常见手术的用物准备。本书内容由浅入深、全面、丰富、实用、紧贴临床工作需要。

深圳市第二人民医院（深圳大学第一附属医院）是集医疗、教学、科研、康复、预防保健和健康教育"六位一体"的现代化综合性医院，

2018 年入选广东省高水平医院重点建设单位,护理学科入选 2021 年度中国医院科技量值(STEM)排行榜全国百强,手术室是广东省手术室专科护士培训基地。本书编者均来自手术室工作的第一线,对于手术器械准备、使用有着丰富的临床和教学经验,关注和掌握国内外手术器械发展的新进展、新动态,对专科手术护理也有深入的理解,并邀请专科医生参与审阅,最后完成本书的编写。本书所列手术器械及组配方案,均基于专科手术操作规程加以优化。

随着外科技术及设备的日益更新和完善,手术方法与器械亦不断推陈出新,不同医院、不同学派之间的手术方式和习惯有所差别,加之时间仓促,自身水平受限,本书内容及观点可能有不尽如人意之处,恳请专家和读者批评指正。本书可供实习生、新入职护士、手术专科护士、供应室人员学习使用,对医疗系学生和新入职医生也有一定的参考价值。

深圳市第二人民医院

谢小华　钮敏红　龚喜雪

手术器械识别与组配方案
全彩图文版

Contents

目　录

1

手术器械识别

　　手术器械是外科手术操作的必备工具，是手术医生灵活双手的延伸。手术器械种类多、用途广、更新快，正确了解各种手术器械的结构特点、基本性能是正确使用器械和灵活应用器械的前提和保证。

§1.1 常用基础器械

　　手术钳用于钳夹血管或出血点，手术钳头部接触面的齿纹称为唇头齿。按齿形可分为直齿、横齿、斜齿、网纹齿等；按结构性质可分为普通唇头齿、无损伤唇头齿。常用规格：12.5 cm、14 cm、16 cm、18 cm、20 cm、22 cm、24 cm、26 cm；分为直、弯，全齿、半齿，有钩、无钩型。不同类别的手术钳，有着不同的结构特点，其适用范围也各不相同。

▶▶ 弯止血钳 ◀◀

　　弯止血钳又称弯血管钳、弯钳，根据器械长短又常被称为大弯、中弯、小弯，用于分离、钳夹组织或血管止血，以及协助缝合。

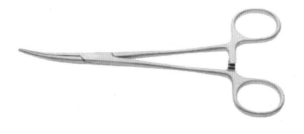

图 1-1-1　弯止血钳

▶▶ 直止血钳 ◀◀

直止血钳又称直血管钳、直钳，用于夹持浅层组织止血，协助针线缝合。

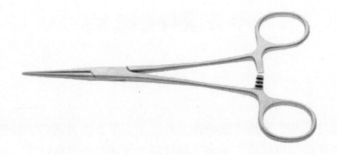

图 1-1-2　直止血钳

▶▶ 分离止血钳 ◀◀

分离止血钳又称直角钳，用于组织器官的剥离与血管神经的游离及对组织器官或血管神经的结扎；头部角度、弧度及弧弯高度不同，且更精细、顶端圆润，使剥离更为方便灵活。

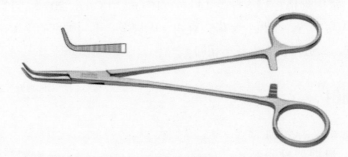

图 1-1-3　分离止血钳

▶▶ 有齿止血钳 ◀◀

有齿止血钳又称扣扣钳、可可钳，有弯、直之分。用于夹持较厚和易滑脱的韧带及坚韧组织。

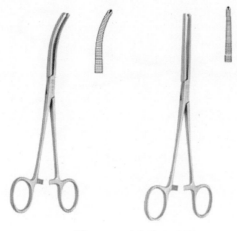

图 1-1-4　有齿止血钳

▶▶ 海绵钳 ◀◀

海绵钳又称卵圆钳或持物钳，根据头部结构可分为有齿、无齿、直形、弯形。用于夹持纱布消毒皮肤，或夹持、传递已灭菌器械物品等。

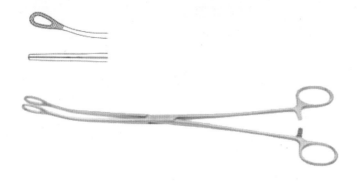

图 1-1-5　海绵钳

3

▶▶ 布巾钳 ◀◀

布巾钳又称巾钳，前端弯而尖，能交叉咬合。用于钳夹固定手术巾，防止手术中移动或松开。

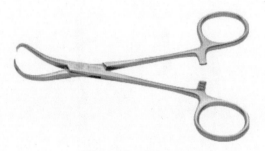

图 1-1-6　布巾钳

▶▶ 组织钳 ◀◀

组织钳又称爱力司钳、鼠齿钳，用于夹持纱巾垫与切口边缘的皮下组织，也用于夹持皮肤、筋膜、肌肉、腹膜等作牵拉或固定用。

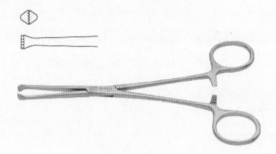

图 1-1-7　组织钳

▶▶ 持针器 ◀◀

持针器有不同长度及直弯之分，持针器主要用于夹持缝针缝合组织和皮肤，也用于协助缝线打结。

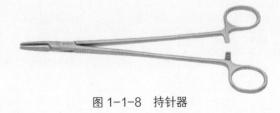

图 1-1-8　持针器

手术剪属剪切器械，用于剪切组织、敷料，如手术中剪切皮肤、组织、血管、脏器、缝线等。通常由中间连接的两片组成，头部有刃口。按其结构特点，有尖、钝、直、弯、长、短等各种类型。

▶▶ 组织剪 ◀◀

组织剪用于组织的剪切，或锐性分离组织、血管、脏器等。组织剪的刃部较薄且锐利，有直、弯两种类型。

图 1-1-9　组织剪

▶▶ 线剪 ◀◀

线剪用于剪切缝线。线剪的刃部较厚且略长，有尖头和圆头之分。

图 1-1-10　线剪

▶▶ 手术镊 ◀◀

手术镊的尖端分为有齿和无齿两类，有长短、粗细之分，用于夹持组织、器械及敷料，通常由一对尾部叠合的叶片组成。根据用途主要包括组织镊、血管镊、皮肤镊、耳用镊、整形镊、显微镊、敷料镊等。

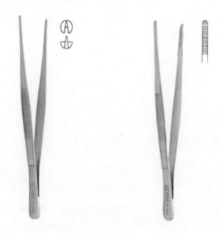

图 1-1-11　手术镊

▶▶ 刀柄 ◀◀

刀柄有多种型号，适配于不同型号的刀片，用于切割组织、器官、肌肉、肌腱等。通常由刀片和刀柄组成。刀片通常有刃口和与手术刀柄对接的安装槽。

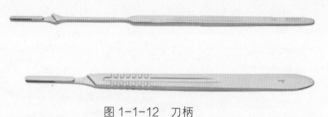

图 1-1-12　刀柄

▶▶ 吸引器头 ◀◀

吸引器头有不同长度、弯度及口径。用于吸出术野血液、体液及冲洗液，保持术野清晰。

图 1-1-13　吸引器头

拉钩主要用于牵开切口、显露手术野，其种类繁多，形状大小不一，可根据手术部位、深浅选择。

▶▶ 双头拉钩 ◀◀

双头拉钩又称甲状腺拉钩，用于牵拉皮肤、皮下组织等，暴露浅部手术切口。

图 1-1-14　双头拉钩

▶▶ 腹部拉钩 ◀◀

腹部拉钩用于牵拉腹壁，显露腹腔及盆腔脏器用。

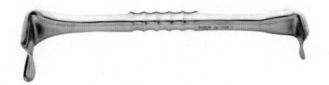

图 1-1-15　腹部拉钩

▶▶ 带状拉钩 ◀◀

带状拉钩又称 S 拉钩、腹腔深部拉钩，用于腹腔深部软组织的牵拉。

图 1-1-16　带状拉钩

〔谢小华　于　从　李季鸥〕

7

§1.2 普通外科器械

▶▶ 胆石钳 ◀◀

胆石钳用于夹取胆总管内结石。

图 1-2-1 胆石钳

▶▶ 胆道探子 ◀◀

胆道探子用于检查胆总管是否通畅。

图 1-2-2 胆道探子

▶▶ 胆石刮勺 ◀◀

胆石刮勺用于刮除胆总管内结石。

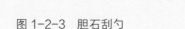

图 1-2-3 胆石刮勺

▶▶ 脾蒂钳 ◀◀

脾蒂钳用于夹持脾蒂。

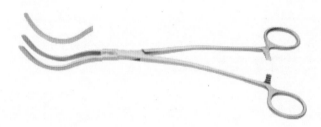

图 1-2-4 脾蒂钳

▶▶ 肠钳 ◀◀

肠钳有弯、直之分,用于夹持肠壁。

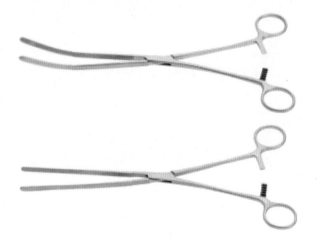

图 1-2-5 肠钳

▶▶ 无损伤血管钳 ◀◀

无损伤血管钳用于夹持血管,避免血管壁损伤。

图 1-2-6 无损伤血管钳

▶▶ 阑尾钳 ◀◀

阑尾钳用于夹持阑尾。

图 1-2-7　阑尾钳

▶▶ 荷包钳 ◀◀

荷包钳用于胃肠吻合时进行暂时的荷包闭合，有七齿、八齿、九齿之分。

图 1-2-8　荷包钳

▶▶ 黏膜钳 ◀◀

黏膜钳用于夹取胃、肠黏膜。

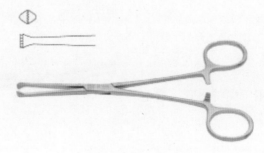

图 1-2-9　黏膜钳

▶▶ 肛门镜 ◀◀

肛门镜用于显露直肠肠管。

图 1-2-10　肛门镜

▶▶ 肛门窥镜 ◀◀

肛门窥镜用于肛门检查。

图 1-2-11　肛门窥镜

▶▶ 血管拉钩 ◀◀

血管拉钩用于牵拉、保护血管。

图 1-2-12　血管拉钩

▶▶ 腹部牵开器 ◀◀

腹部牵开器用于牵拉腹壁，显露腹腔脏器。

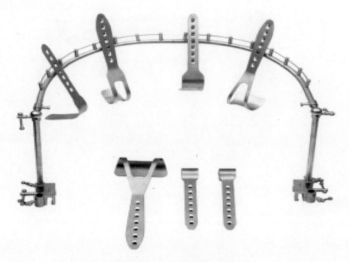

图 1-2-13　腹部牵开器

〔龚喜雪　贺红梅　鲍亚楠〕

§1.3　神经外科器械

▶▶ 头皮夹钳 ◀◀

头皮夹钳用于夹持头皮夹，头皮止血。

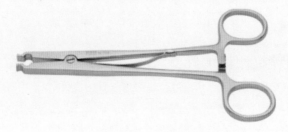

图 1-3-1　头皮夹钳

▶▶ 枪状镊 ◀◀

枪状镊用于术中夹持组织。

图 1-3-2 枪状镊

▶▶ 乳突拉钩 ◀◀

乳突拉钩用于暴露术野。

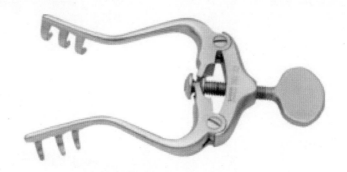

图 1-3-3 乳突拉钩

▶▶ 头皮拉钩 ◀◀

头皮拉钩用于拉开头皮皮瓣，暴露术野。

图 1-3-4 头皮拉钩

▶▶ 脑穿针及针芯 ◀◀

脑穿针用于脑室穿刺引流或活检用。

图 1-3-5　脑穿针及针芯

▶▶ 吸引器 ◀◀

吸引器用于术中吸引液体，侧孔可调节吸力。

图 1-3-6　吸引器

▶▶ 咬骨钳 ◀◀

咬骨钳又称鸟嘴咬骨钳，左侧角 40° 双关节咬骨钳。

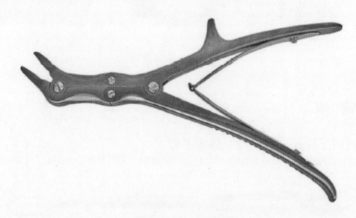

图 1-3-7　咬骨钳

▶▶ 颅骨骨膜剥离子 ◀◀

颅骨骨膜剥离子用于剥离颅骨骨膜。

图 1-3-8　颅骨骨膜剥离子

▶▶ 脑压板 ◀◀

脑压板用于牵拉脑部组织，显露术野。

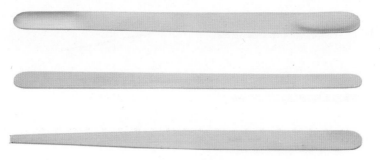

图 1-3-9　脑压板

▶▶ 脑膜镊 ◀◀

脑膜镊用于夹持硬脑膜。

图 1-3-10　脑膜镊

15

►► 尖镊 ◄◄

尖镊用于术中夹持组织。

图 1-3-11　尖镊

►► 显微神经钩 ◄◄

显微神经钩又称显微神经分离器，用于显微手术中分离细小神经。

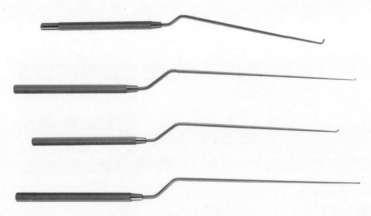

图 1-3-12　显微神经钩

►► 取瘤镊 ◄◄

取瘤镊用于术中夹取脑部病理组织。

图 1-3-13　取瘤镊

▶▶ 显微直剪 ◀◀

显微直剪用于显微手术中剪切组织。

图 1-3-14 显微直剪

▶▶ 显微剥离子 ◀◀

显微剥离子用于剥离神经血管。

图 1-3-15 显微剥离子

▶▶ 圈镊 ◀◀

圈镊用于夹住或提起组织，便于剥离、切开或缝合等操作。

图 1-3-16 圈镊

▶▶ 显微弯剪 ◀◀

显微弯剪用于修剪和分离血管、神经等。

图 1-3-17 显微弯剪

▶▶ 显微持针器 ◀◀

显微持针器用于显微手术中夹持缝合组织。

图 1-3-18 显微持针器

▶▶ 刮圈 ◀◀

刮圈用于术中刮除瘤体。

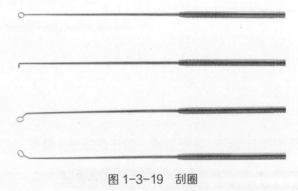

图 1-3-19 刮圈

▶▶ 枪型组织剪 ◀◀

枪型组织剪用于鼻内镜手术剪切组织。

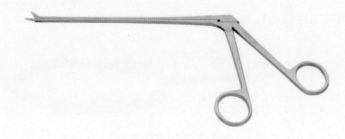

图 1-3-20 枪型组织剪

▶▶ 枪状刀柄 ◀◀

枪状刀柄用于装持 10#、11# 刀片。

图 1-3-21　枪状刀柄

▶▶ 后颅凹咬骨钳 ◀◀

后颅凹咬骨钳又称狼嘴咬骨钳，用于颅后窝部位的开颅手术。

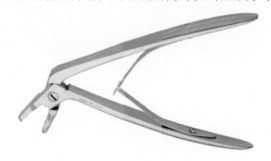

图 1-3-22　后颅凹咬骨钳

▶▶ 精细取瘤钳 ◀◀

精细取瘤钳用于显微手术中夹取病理组织。

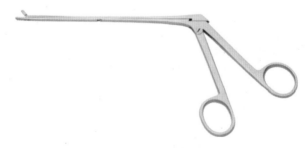

图 1-3-23　精细取瘤钳

▶▶ 动脉瘤夹持器 ◀◀

动脉瘤夹持器用于夹持动脉瘤夹。

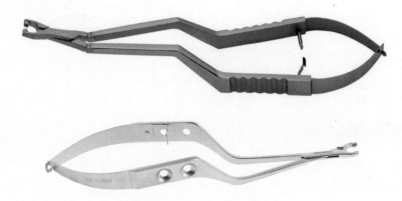

图 1-3-24　动脉瘤夹持器

▶▶ 快速钻颅穿刺锥 ◀◀

快速钻颅穿刺锥又称颅骨钻，用于颅骨钻孔。

图 1-3-25　快速钻颅穿刺锥

▶▶ 脑室腹腔分流通条 ◀◀

脑室腹腔分流通条用于脑室腹腔分流分离组织。

图 1-3-26　脑室腹腔分流通条

▶▶ 超锋利剪 ◀◀

超锋利剪用于显微手术剪切动脉等。

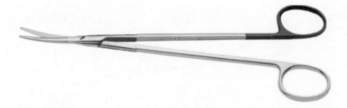

图 1-3-27　超锋利剪

▶▶ 主动脉侧壁钳 ◀◀

主动脉侧壁钳又称分流钳，用于夹持主动脉侧壁。

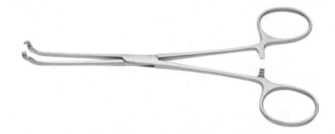

图 1-3-28　主动脉侧壁钳

▶▶ 无损伤血管镊 ◀◀

无损伤血管镊用于夹持血管。

图 1-3-29　无损伤血管镊

▶▶ 主动脉阻断钳 ◀◀

主动脉阻断钳又称哈巴狗钳，用于阻断主动脉。

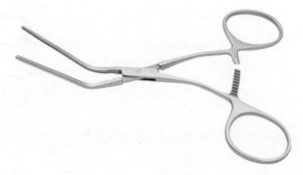

图 1-3-30　主动脉阻断钳

▶▶ 软轴牵开器 ◀◀

软轴牵开器又称脑自动牵开器，用于牵拉脑部组织，显露脑组织手术部位。

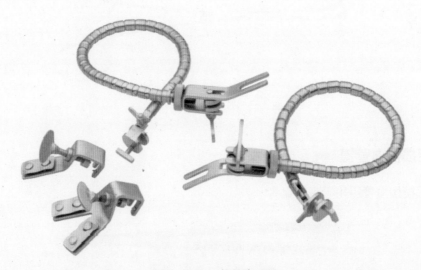

图 1-3-31　软轴牵开器

▶▶ 头架转接器 ◀◀

头架转接器用于连接头架和脑牵开器。

图 1-3-32　头架转接器

〔钮敏红　陈　晖　雷红霞〕

§1.4　妇产科器械

▶▶ 窥阴器 ◀◀

窥阴器用于妇科检查时撑开阴道，暴露子宫颈。

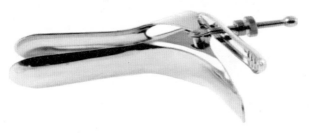

图 1-4-1　窥阴器

▶▶ 宫颈钳 ◀◀

宫颈钳用于牵拉子宫颈，固定子宫颈位置。

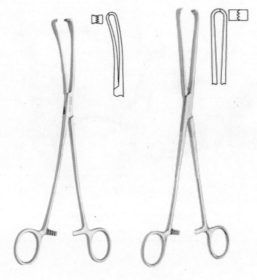

图 1-4-2　宫颈钳

▶▶ 子宫颈扩张器 ◀◀

子宫颈扩张器又称扩宫棒，用于子宫腔操作时扩张子宫颈，扩宫棒型号大小有 4．5～10 mm。

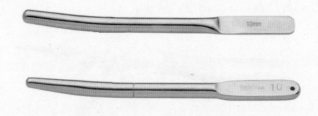

图 1-4-3　子宫颈扩张器

▶▶ 子宫探针 ◀◀

子宫探针上有刻度,用于探清子宫位置及子宫腔深度。

图 1-4-4 子宫探针

▶▶ 取环勾 ◀◀

取环勾用于取出宫内节育器。

图 1-4-5 取环勾

▶▶ 上环叉 ◀◀

上环叉用于放置宫内节育器。

图 1-4-6 上环叉

▶▶ **子宫刮匙** ◀◀

子宫刮匙用于刮取子宫腔内组织。

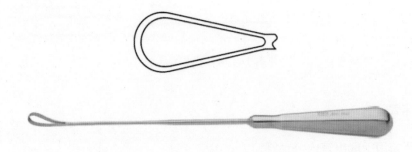

图 1-4-7　子宫刮匙

▶▶ **流产吸引管** ◀◀

流产吸引管装于吸引器上，供早期妊娠的孕妇实施人工流产手术用。

图 1-4-8　流产吸引管

▶▶ **双极电凝钳** ◀◀

双极电凝钳配合双极电凝线使用，用于腹腔镜术中电凝止血，有尖头和平头之分。

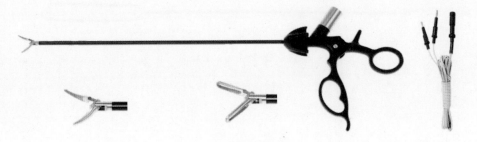

图 1-4-9　双极电凝钳

▶▶ 肌瘤钻 ◀◀

肌瘤钻钻头钻入子宫肌瘤起到固定牵拉的作用，有 5 mm 和 10 mm 两种型号。

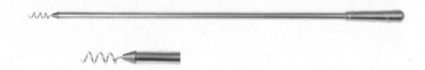

图 1-4-10 肌瘤钻

▶▶ 穿刺针 ◀◀

穿刺针连接注射器用于腔镜手术中直接抽取或注射液体。

图 1-4-11 穿刺针

▶▶ 阴道拉钩 ◀◀

阴道拉钩分上、下叶，用于牵拉阴道壁，扩大手术视野。

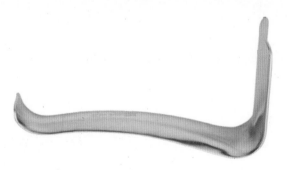

图 1-4-12 阴道拉钩

▶▶ 金属导尿管 ◀◀

金属导尿管用于临时性导出尿液。

图 1-4-13 金属导尿管

▶▶ 子宫抓钳 ◀◀

子宫抓钳用于抓取子宫体。

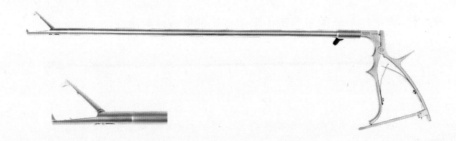

图 1-4-14 子宫抓钳

▶▶ 简易举宫器 ◀◀

简易举宫器用于抓取子宫颈固定子宫。

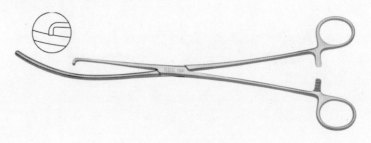

1-4-15 简易举宫器

▶▶ 多功能举宫器 ◀◀

多功能举宫器用于在妇科手术中改变子宫的位置，有多种长度和角度。

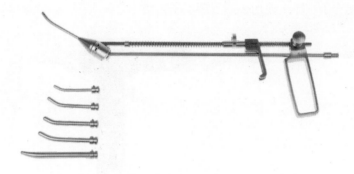

图 1-4-16　多功能举宫器

▶▶ 套结器 ◀◀

套结器用于腹腔镜手术中，可以将体外缝线结推到缝合处。

图 1-4-17　套结器

▶▶ 膀胱拉钩 ◀◀

膀胱拉钩用于在剖腹手术时作牵拉膀胱用。

图 1-4-18　膀胱拉钩

▶▶ 电动粉碎器（一套） ◀◀

电动粉碎器包括粉碎器手柄和粉碎器刀头，刀头包括 10 mm、15 mm、18 mm，配合子宫抓钳使用，用于旋切子宫体。

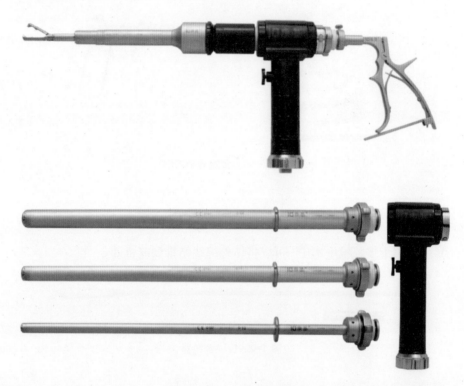

图 1-4-19　电动粉碎器

▶▶ 举宫杯器械（一套）◀◀

举宫杯器械包括引导棒、操作杆、手柄、穿窿头，杯头分为大、中、小 3 个型号。

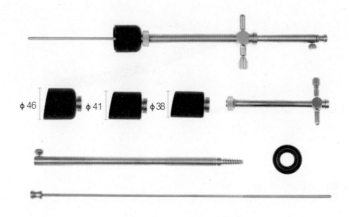

图 1-4-20　举宫杯器械

〔谢小华　于　从　卢梅芳〕

§1.5　骨科器械

▶▶ 单关节咬骨钳 ◀◀

单关节咬骨钳用于咬除死骨或修整骨残端。

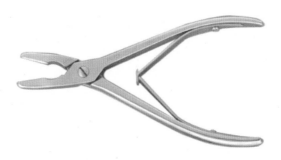

图 1-5-1　单关节咬骨钳

▶▶ 双关节咬骨钳 ◀◀

双关节咬骨钳用于咬除死骨或修整骨残端。

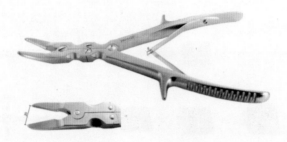

图 1-5-2 双关节咬骨钳

▶▶ 椎板咬骨钳 ◀◀

椎板咬骨钳用于咬除椎板。

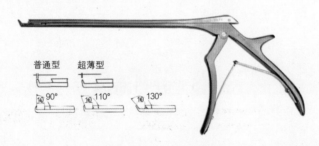

图 1-5-3 椎板咬骨钳

▶▶ 髓核钳 ◀◀

髓核钳用于钳取椎间盘。

图 1-5-4 髓核钳

▶▶ 钢针剪 ◀◀

钢针剪用于剪断钢针。

图 1-5-5 钢针剪

▶▶ 骨锤 ◀◀

骨锤用于敲击骨凿骨刀。

图 1-5-6 骨锤

▶▶ 刮匙 ◀◀

刮匙用于刮除病骨组织或肉芽组织。

图 1-5-7 刮匙

▶▶ 骨膜分离器 ◀◀

骨膜分离器用于分离骨膜。

图 1-5-8　骨膜分离器

▶▶ 骨撬 ◀◀

骨撬用于支撑手术部位骨骼。

图 1-5-9　骨撬

▶▶ 骨凿 ◀◀

骨凿用于修正骨骼组织，取骨组织。

图 1-5-10　骨凿

▶▶ 骨锉 ◀◀

骨锉用于锉磨、修正骨残端。

图 1-5-11　骨锉

▶▶ **骨牵开器** ◀◀

骨牵开器用于显露骨骼。

图 1-5-12　骨牵开器

▶▶ **持骨钳** ◀◀

持骨钳用于夹持骨组织，对合骨折部位。

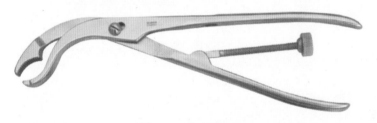

图 1-5-13　持骨钳

▶▶ **复位钳** ◀◀

复位钳用于骨折复位和固定钢板。

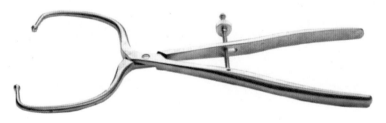

图 1-5-14　复位钳

▶▶ 骨钻 ◀◀

骨钻用于安装于电钻上钻孔。

图 1-5-15　骨钻

▶▶ 骨固定器 ◀◀

骨固定器用于固定复位骨组织。

图 1-5-16　骨固定器

▶▶ 钢丝穿套器 ◀◀

钢丝穿套器用于穿钢丝。

图 1-5-17　钢丝穿套器

▶▶ 创口拉钩 ◀◀

创口拉钩用于显露创口部位。

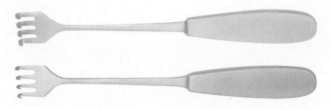

图 1-5-18　创口拉钩

▶▶ 钢丝剪 ◀◀

钢丝剪用于剪断钢针、钢丝或接骨螺钉。

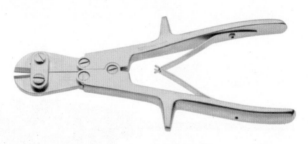

图 1-5-19　钢丝剪

▶▶ 半月板拉钩 ◀◀

半月板拉钩用于显露膝关节手术部位。

图 1-5-20　半月板拉钩

▶▶ 神经拉钩 ◀◀

神经拉钩用于显露神经。

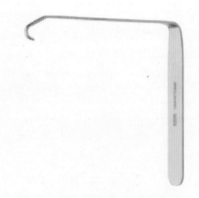

图 1-5-21　神经拉钩

▶▶ "一"字起子 ◀◀

"一"字起子用于旋转"一"字形金属接骨螺钉。

图 1-5-22　"一"字起子

▶▶ "十"字起子 ◀◀

"十"字起子用于旋转"十"字形金属接骨螺钉。

图 1-5-23　"十"字起子

▶▶ 椎板牵开器 ◀◀

椎板牵开器用于撑开椎板。

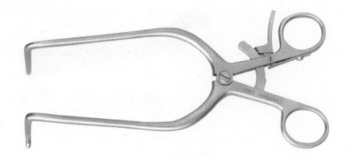

图 1-5-24 椎板牵开器

▶▶ 钢板折弯器 ◀◀

钢板折弯器用于弯折金属接骨板。

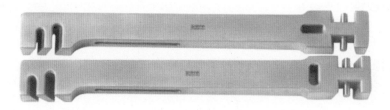

图 1-5-25 钢板折弯器

▶▶ 神经剥离子 ◀◀

神经剥离子用于分离神经组织。

图 1-5-26 神经剥离子

▶▶ 颈椎刮勺 ◀◀

颈椎刮勺用于刮除颈椎组织。

图 1-5-27　颈椎刮勺

〔谢小华　陈　浩　陈友姣〕

§1.6　运动医学科器械

▶▶ 半月板锉 ◀◀

半月板锉由手柄和前端两部分组成，前端是稍尖锐的不平滑面，用于打磨半月板使创面对合整齐、新鲜，以利于半月板愈合。

图 1-6-1　半月板锉

▶▶ 显微钩 ◀◀

显微钩又称探钩，前端呈直角钩状，可以预演关节镜手术的操作，用来感觉关节软骨并评估关节软骨的硬度和半月板撕裂的程度。

图 1-6-2　显微钩

▶▶ 编腱台 ◀◀

编腱台由韧带工作台和软组织夹组成，软组织夹可夹住肌腱，并在工作台上的滑槽内来回滑动，用于肌腱移植前的修整编织及固定。

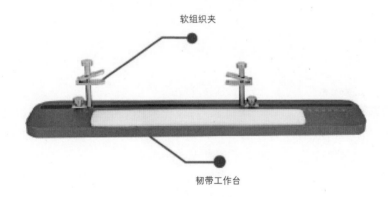

软组织夹

韧带工作台

图 1-6-3　编腱台

▶▶ 缝合钩 ◀◀

缝合钩又称过线器，前端尖锐，呈一定弯度，中间空心可用来穿线，用于关节内的穿刺过线。最先用于肩关节手术，后逐渐扩展用于膝、髋关节手术。

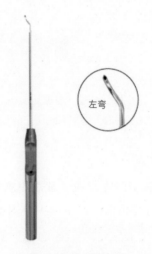

左弯

图 1-6-4　缝合钩

▶▶ 骨锤 ◀◀

骨锤按质量分为轻、中、重 3 型，轻型主要用于指骨、趾骨及小关节的手术；中型主要用于尺、桡骨及脊柱的手术；重型主要用于股骨、胫骨、肱骨等相关手术，常与骨刀等搭配使用，用于手术过程中的敲击。

图 1-6-5　骨锤

▶▶ 剪线器 ◀◀

剪线器钳端下部有凹槽可穿线而过，上部有锋利的金属片，钳端闭合时可剪线，用于术中剪断缝合线或高强线。

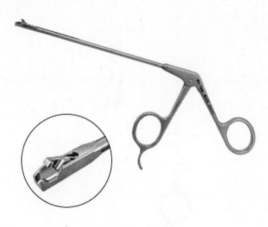

图 1-6-6　剪线器

▶▶ 推结剪线器 ◀◀

推结剪线器前端中空，用来穿过手术中使用的缝合线或高强线，尾端上的滑动开关可带动内部的剪线组件向前滑动，用于关节内推动线结，切断缝合线。

图 1-6-7　推结剪线器

▶▶ 推结器 ◀◀

推结器前端中空，可用于穿线，尾端的圆环扣于术者的拇指，用于术中将缝合线线结推至缝合处。

图 1-6-8　推结器

▶▶ 界面螺钉上钉器 ◀◀

界面螺钉上钉器中间为中空状态，可穿过用于定位界面螺钉的定位导针，前端用于安装界面螺钉，主要用于界面螺钉的锁紧。

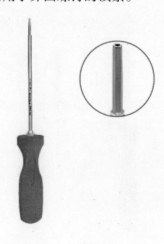

图 1-6-9　界面螺钉上钉器

▶▶ 篮钳 ◀◀

篮钳有直形、上翘、左弯及右弯形状可供选择，前端下部为圆环形，上部为圆形金属片，闭合时可咬除软组织，用于损伤半月板的修整。

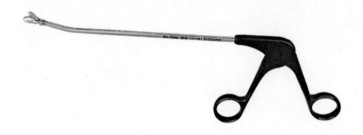

图 1-6-10　篮钳

▶▶ 抓线钳 ◀◀

抓线钳钳端前半部分为凹凸不平的粗糙面，后半部分闭合时有中空部分，用于缝合线穿过软组织时候的抓取。

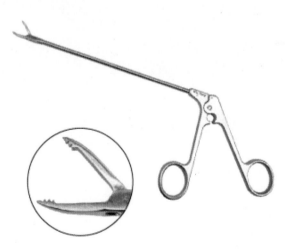

图 1-6-11　抓线钳

45

▶▶ **组织抓钳** ◀◀

组织抓钳钳端为凹凸不平的粗糙面，有一定抓持力，用于术中组织的抓取。

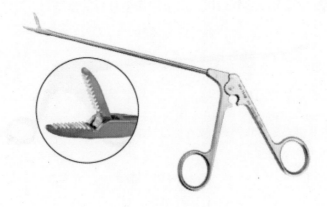

图 1-6-12　组织抓钳

〔龚喜雪　贺红梅　牛玉波〕

§1.7　心胸外科器械

▶▶ **钢丝持针器** ◀◀

钢丝持针器用于夹持钢丝针，缝合胸骨。

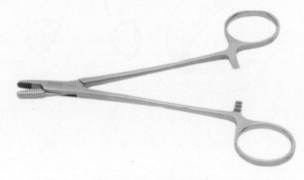

图 1-7-1　钢丝持针器

▶▶ 肺叶钳 ◀◀

肺叶钳用于钳夹肺组织。

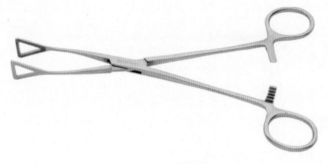

图 1-7-2　肺叶钳

▶▶ 胸骨撑开器 ◀◀

胸骨撑开器又称胸骨牵开器，用于撑开胸骨显露纵隔。

图 1-7-3　胸骨撑开器

▶▶ 胸科吸引器 ◀◀

胸科吸引器又称心外吸引器，用于吸引胸腔内液体。

图 1-7-4　胸科吸引器（带通条）

▶▶ 支气管钳 ◀◀

支气管钳用于钳夹支气管组织。

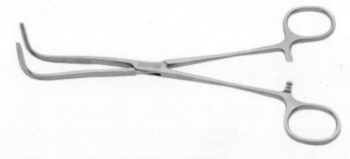

图 1-7-5　支气管钳

▶▶ 闭合器 ◀◀

闭合器又称肋骨合拢器，用于拉拢上、下肋骨关闭胸腔。

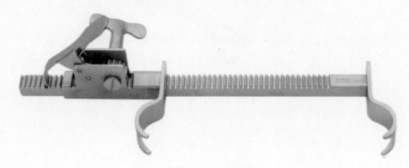

图 1-7-6　闭合器

▶▶ 肋骨骨膜剥离子 ◀◀

肋骨骨膜剥离子用于分离肋骨骨膜。

图 1-7-7　肋骨骨膜剥离子

▶▶ 肋骨咬骨钳 ◀◀

肋骨咬骨钳用于咬除肋骨死骨或修整肋骨残端。

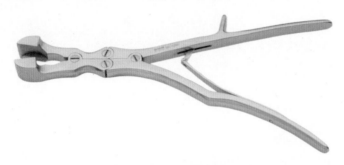

图 1-7-8　肋骨咬骨钳

▶▶ 肩胛骨拉钩 ◀◀

肩胛骨拉钩用于牵拉肩胛骨。

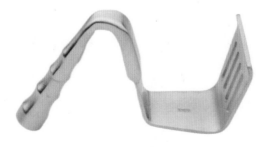

图 1-7-9　肩胛骨拉钩

▶▶ 小骨剪 ◀◀

小骨剪又称肋骨剪，用于剪断肋骨。

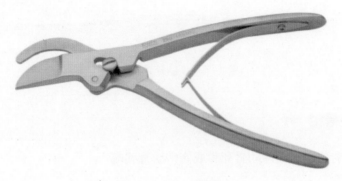

图 1-7-10　小骨剪

▶▶ 血管拉钩 ◀◀

血管拉钩用于牵拉血管。

图 1-7-11　血管拉钩

▶▶ 长针头 ◀◀

长针头又称胸腔穿刺针，用于胸腔穿刺。

图 1-7-12　长针头

▶▶ 血管夹 ◀◀

血管夹用于钳夹血管。

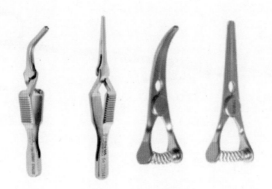

图 1-7-13　血管夹

▶▶ 乳突牵开器 ◀◀

乳突牵开器用于显露切口。

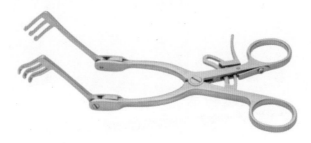

图 1-7-14　乳突牵开器

▶▶ 血管镊 ◀◀

血管镊用于夹持血管。

图 1-7-15　血管镊

▶▶ 超薄剪 ◀◀

超薄剪用于分离解剖血管组织。

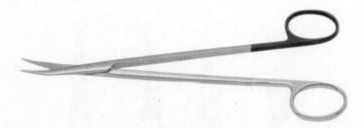

图 1-7-16　超薄剪

▶▶ 显微持针器 ◀◀

显微持针器用于手术中夹持缝针，精细缝合。

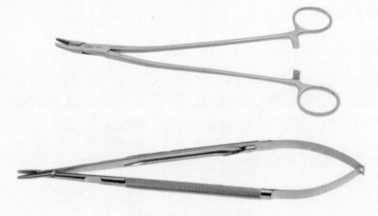

图 1-7-17　显微持针器

▶▶ 心耳钳 ◀◀

心耳钳用于心血管手术时作腔静脉插管。

图 1-7-18　心耳钳

▶▶ 直角剪 ◀◀

直角剪又称心脏手术剪，用于解剖心脏与大血管。

图 1-7-19　直角剪

▶▶ 无损伤钳 ◀◀

无损伤钳又称阻断钳，用于钳夹组织。

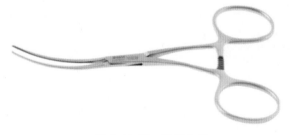

图 1-7-20　无损伤钳

▶▶ 夹管钳 ◀◀

夹管钳又称管道钳，用于夹持各种管道。

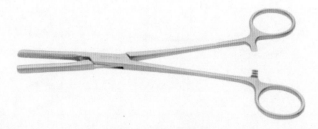

图 1-7-21　夹管钳

▶▶ 主动脉阻断钳 ◀◀

主动脉阻断钳用于钳夹主动脉。

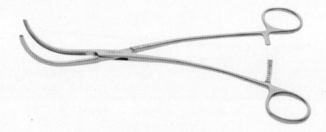

图 1-7-22　主动脉阻断钳

▶▶ 心房拉钩 ◀◀

心房拉钩用于牵拉心房。

图 1-7-23　心房拉钩

▶▶ 心室拉钩 ◀◀

心室拉钩用于牵拉心室。

图 1-7-24　心室拉钩

▶▶ 铁头吸引器 ◀◀

铁头吸引器又称腹腔吸引器、心内吸引器，用于吸引心脏内液体。

图 1-7-25　铁头吸引器

▶▶ 双关节卵圆钳 ◀◀

双关节卵圆钳有有齿、无齿之分，用于夹持纱球或抓取肺组织。

图 1-7-26　双关节卵圆钳

▶▶ 双关节蛇头钳 ◀◀

双关节蛇头钳用于牵引分离肺病变周围组织。

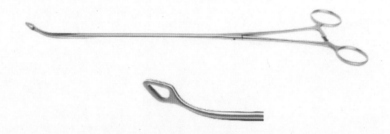

图 1-7-27　双关节蛇头钳

▶▶ 双关节直角钳 ◀◀

双关节直角钳用于分离肺支气管或血管。

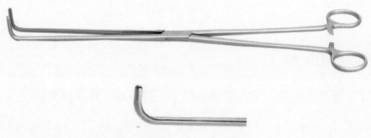

图 1-7-28　双关节直角钳

▶▶ 双关节弯钳 ◀◀

双关节弯钳分为大弯钳和小弯钳，用于分离肺血管、支气管或带线。

图 1-7-29 双关节弯钳

▶▶ 双关节游离钳 ◀◀

双关节游离钳用于游离肺支气管或血管。

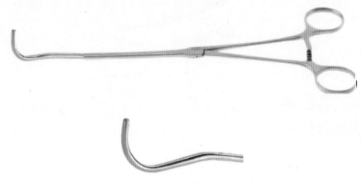

图 1-7-30 双关节游离钳

▶▶ 双关节剪刀 ◀◀

双关节剪刀用于剪切肺组织或血管。

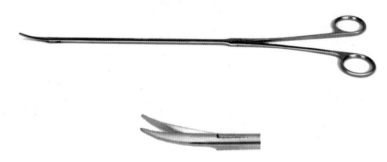

图 1-7-31 双关节剪刀

▶▶ 双关节活检钳 ◀◀

双关节活检钳又称淋巴结钳，用于抓取肺组织或淋巴结。

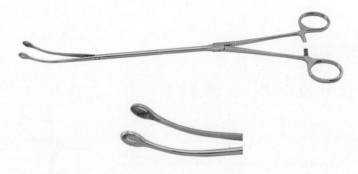

图 1-7-32　双关节活检钳

▶▶ 双关节持针器 ◀◀

双关节持针器用于夹持缝针。

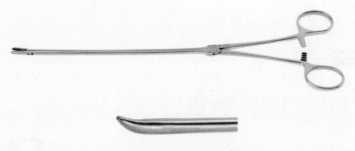

图 1-7-33　双关节持针器

▶▶ 胸科穿刺针及针芯 ◀◀

胸科穿刺针及针芯用于建立胸腔与外界的通道。

图 1-7-34　胸科穿刺针及针芯

〔钮敏红　陈　晖　吴仁光〕

§1.8 血管外科器械

▶▶ 撑开器 ◀◀

撑开器又称微创牵开器，用于显微手术中暴露切口。

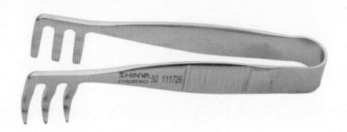

图 1-8-1 撑开器

▶▶ 显微持针器 ◀◀

显微持针器用于显微手术中夹持缝针。

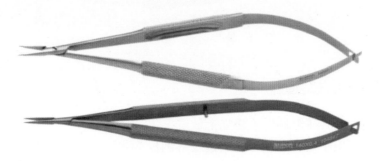

图 1-8-2 显微持针器

▶▶ 显微尖镊 ◀◀

显微尖镊又称显微组织镊，用于显微手术中夹持组织、血管、神经。

图 1-8-3　显微尖镊

▶▶ 显微剪 ◀◀

显微剪分为显微直剪和显微弯剪，用于显微手术中剪线和剪切组织。

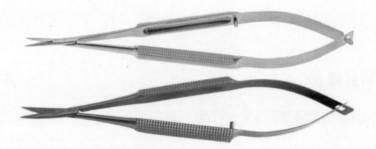

图 1-8-4　显微剪

▶▶ 血管外科上肢隧道器 ◀◀

血管外科上肢隧道器用于建立上肢皮下组织隧道，以便用于血管穿刺术、周边及解剖位置外绕道手术的血管支架置放。

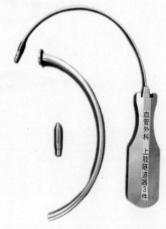

图 1-8-5　血管外科上肢隧道器

▶▶ 双头剥离子 ◀◀

双头剥离子又称骨膜剥离器，分离血管或神经。

图 1-8-6　双头剥离子

▶▶ 无损伤镊 ◀◀

无损伤镊用于夹持血管、瓣膜、无损伤针用。

图 1-8-7　无损伤镊

▶▶ 主动脉侧壁钳 ◀◀

主动脉侧壁钳用于钳夹部分血管壁。

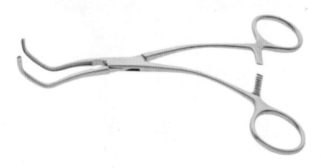

图 1-8-8　主动脉侧壁钳

〔谢小华　陈　浩　吴仁光〕

61

§1.9 烧伤整形外科器械

▶▶ 滚轴刀 ◀◀

滚轴刀用于削除感染坏死组织，保留正常新鲜组织。

图 1-9-1 滚轴刀

▶▶ 电动取皮刀 ◀◀

电动取皮刀用于切取多种厚度及宽度的皮肤，进行移植。

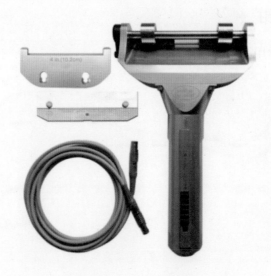

图 1-9-2 电动取皮刀

▶▶ 轧皮机 ◀◀

轧皮机用于烧伤科在开窗和埋藏法植皮手术时进行自体皮切方块或异体皮划线、轧网纹及打方洞。

图 1-9-3 轧皮机

▶▶ MEEK 植皮机 ◀◀

MEEK 植皮机用于烧伤患者进行植皮手术前对已取好的皮片进行排列切割。

图 1-9-4 MEEK 植皮机

〔谢小华 于 从 王美华〕

§1.10 泌尿外科器械

►► 肾蒂拉钩 ◄◄

肾蒂拉钩又称肾盂拉钩，用于牵开肾盂。

图 1-10-1 肾蒂拉钩

►► 肠钳 ◄◄

肠钳用于夹持肠壁。

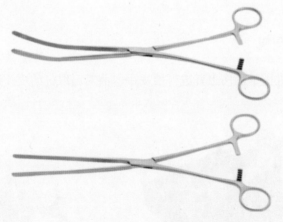

图 1-10-2 肠钳

►► 肾窦拉钩 ◄◄

肾窦拉钩用于牵开肾窦组织。

图 1-10-3 肾窦拉钩

▶▶ 肾蒂钳 ◀◀

肾蒂钳用于钳夹肾蒂血管。

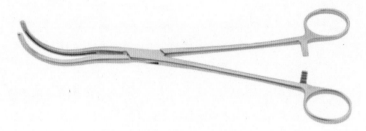

图 1-10-4　肾蒂钳

▶▶ 取石钳 ◀◀

取石钳用于钳取结石。

图 1-10-5　取石钳

▶▶ 尿道探子 ◀◀

尿道探子分为单头和双头，用于探查尿道狭窄或堵塞部位及扩张尿道。

图 1-10-6　尿道探子

▶▶ 刮匙 ◀◀

刮匙用于刮除病变肾组织或清除结石。

图 1-10-7 刮匙

〔龚喜雪　贺红梅　李季鸥〕

§1.11　耳鼻咽喉科器械

▶▶ 听觉检查音叉 ◀◀

敲击听觉检查音叉产生轻微震动，用于检查患者听力。

图 1-11-1 听觉检查音叉

▶▶ 耳鼓膜刀 ◀◀

耳鼓膜刀又称鼓膜刀，用于耳鼻咽喉科鼓膜穿刺或切开。

图 1-11-2 耳鼓膜刀

▶▶ 耳刮匙 ◀◀

耳刮匙又称乳突刮匙，用于耳鼻咽喉科乳突根除术时，刮除乳突瘤或病理组织。

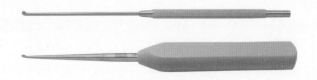

图 1-11-3　耳刮匙

▶▶ 外耳道扩张器 ◀◀

外耳道扩张器又称耳镜，用于耳科手术或检查时撑开或暴露患者耳道。

图 1-11-4　外耳道扩张器

▶▶ 吸引管 ◀◀

吸引管又称乳突吸引管，用于抽取耳内液体。

图 1-11-5　吸引管

▶▶ 显微剥离器 ◀◀

显微剥离器又称耳剥离子，用于剥离外耳道皮瓣鼓环及镫骨足板开窗处的上皮。

图 1-11-6　显微剥离器

▶▶ 耳道皮瓣刀 ◀◀

耳道皮瓣刀又称耳横切口刀，用于切割组织或在手术中切割器械。

图 1-11-7　耳道皮瓣刀

▶▶ 显微剥离器 ◀◀

显微剥离器又称耳开窗匙，用于剥离外耳道皮瓣鼓环及镫骨足板开窗处的上皮。

图 1-11-8　显微剥离器

▶▶ 乳突骨凿 ◀◀

乳突骨凿又称耳用骨凿，用于乳突根治术时作凿切乳突骨。

图 1-11-9　乳突骨凿

▶▶ 耳用骨凿 ◀◀

耳用骨凿又称耳平凿，用于外耳道内凿骨。

图 1-11-10　耳用骨凿

▶▶ 耳钩 ◀◀

耳钩用于钩取内外耳道异物。

图 1-11-11　耳钩

▶▶ 显微耳针 ◀◀

显微耳针又称镫骨针，用于分离粘连带及组织。

图 1-11-12　显微耳针

▶▶ 乳突牵开器 ◀◀

乳突牵开器用于耳显微手术中作牵开耳后乳突部软组织切口。

图 1-11-13　乳突牵开器

▶▶ 耳异物钳 ◀◀

耳异物钳又称鳄鱼钳，用于清理病灶。

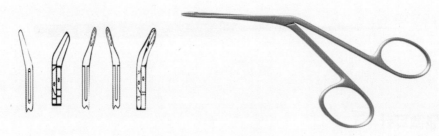

图 1-11-14　耳异物钳

▶▶ 镫骨足弓剪 ◀◀

镫骨足弓剪用于剪断镫骨足弓颈。

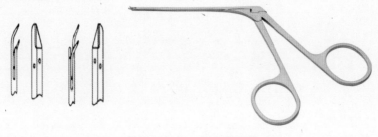

图 1-11-15　镫骨足弓剪

▶▶ 耳用锤骨咬骨剪 ◀◀

耳用锤骨咬骨剪又称锤骨咬骨剪，用于耳道内剪切锤骨。

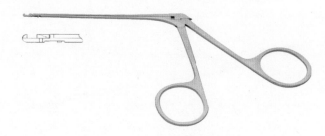

图 1-11-16　耳用锤骨咬骨剪

▶▶ 耳剪 ◀◀

耳剪又称显微耳剪，用于修剪血管、组织，分离组织间隙。

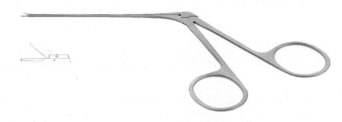

图 1-11-17　耳剪

▶▶ 内耳扩张器 ◀◀

内耳扩张器用来扩大外耳道，对外耳道和鼓膜进行观察的医用器械。

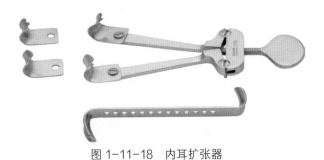

图 1-11-18　内耳扩张器

⏩ **组织钳** ⏪

组织钳又称筋膜钳，用于压平分离出的颞浅筋膜。

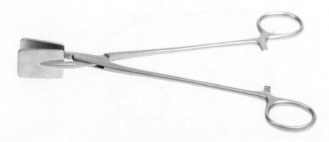

图 1-11-19　组织钳

⏩ **耳用探针** ⏪

耳用探针用于内耳道病状检查。

图 1-11-20　耳用探针

⏩ **耳用膝状镊** ⏪

耳用膝状镊又称角镊，用于术中传递棉片，填塞油纱条。

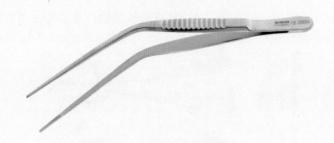

图 1-11-21　耳用膝状镊

▶▶ 鼻组织剪 ◀◀

鼻组织剪用于剪切鼻腔组织。

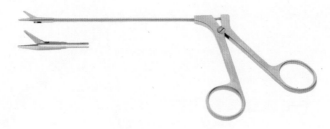

图 1-11-22 鼻组织剪

▶▶ 鼻剪 ◀◀

鼻剪用于剪切鼻腔组织。

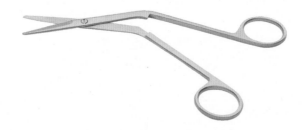

图 1-11-23 鼻剪

▶▶ 鼻咬切钳 ◀◀

鼻咬切钳又称鼻咬骨钳，用于鼻腔息肉，鼻腔异物取出。

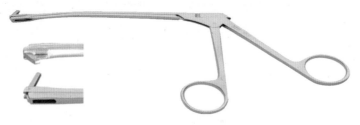

图 1-11-24 鼻咬切钳

►► 上颌窦咬骨钳 ◄◄

上颌窦咬骨钳用于咬切上颌窦部位的软骨及脆弱之骨质。

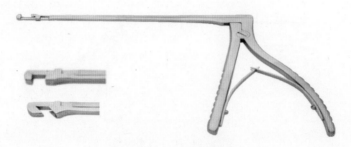

图 1-11-25　上颌窦咬骨钳

►► 蝶窦咬骨钳 ◄◄

蝶窦咬骨钳用于咬切蝶窦部位软骨。

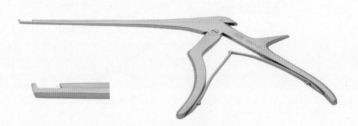

图 1-11-26　蝶窦咬骨钳

►► 鼻中隔咬骨钳 ◄◄

鼻中隔咬骨钳用于咬切鼻中隔软骨。

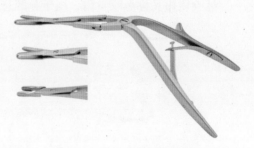

图 1-11-27　鼻中隔咬骨钳

鼻组织钳 ◄◄

鼻组织钳又称息肉钳，用于咬除、夹取鼻腔软组织。

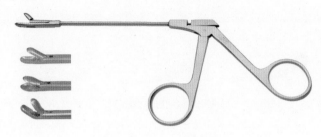

图 1-11-28　鼻组织钳

额窦钳 ◄◄

额窦钳用于咬切上颌窦部位的软骨及脆弱之骨质。

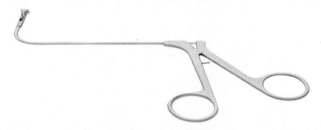

图 1-11-29　额窦钳

鼻腔撑开器 ◄◄

鼻腔撑开器又称鼻中隔撑开器，用于暴露鼻腔内组织。

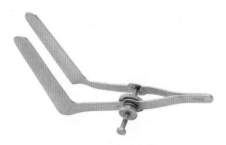

图 1-11-30　鼻腔撑开器

▶▶ 鼻刮匙 ◀◀

鼻刮匙又称鼻窦刮匙，用于刮除鼻部病理组织。

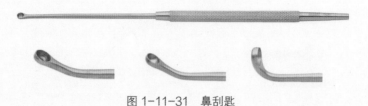

图 1-11-31　鼻刮匙

▶▶ 鼻腔吸引器 ◀◀

鼻腔吸引器与注射器、吸引器配合抽吸鼻腔液体或分泌物。

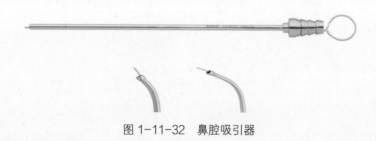

图 1-11-32　鼻腔吸引器

▶▶ 鼻骨剥离器 ◀◀

鼻骨剥离器又称剥离子，用于剥离黏膜骨膜瓣和颜面整形手术时分离鼻骨膜。

图 1-11-33　鼻骨剥离器

▶▶ 鼻骨复位器 ◀◀

鼻骨复位器用于耳鼻咽喉科鼻中隔复位。

图 1-11-34　鼻骨复位器

▶▶ 鼻骨复位钳 ◀◀

鼻骨复位钳用于鼻部手术时作矫正鼻骨复位。

图 1-11-35　鼻骨复位钳

▶▶ 鼻穿刺针 ◀◀

鼻穿刺针用于鼻骨上穿孔及上颌窦内镜诊疗时建立内镜通道。

图 1-11-36　鼻穿刺针

▶▶ 鼻息肉圈套器 ◀◀

鼻息肉圈套器用于切除鼻息肉、耳息肉手术。

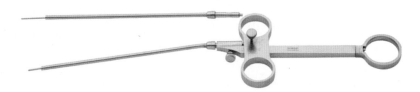

图 1-11-37　鼻息肉圈套器

▶▶ 鼻中隔凿 ◀◀

鼻中隔凿用于耳鼻咽喉科手术时凿除部份骨骼。

图 1-11-38　鼻中隔凿

▶▶ 鼻黏膜刀 ◀◀

鼻黏膜刀用于剥离及切开鼻黏膜组织。

图 1-11-39　鼻黏膜刀

▶▶ 鼻中隔旋转刀 ◀◀

鼻中隔旋转刀用于鼻中隔术中切除分离出的鼻中隔软骨。

图 1-11-40　鼻中隔旋转刀

▶▶ 鼻窥器 ◀◀

鼻窥器又称鼻镜，用于鼻腔检查时扩张鼻腔。

图 1-11-41　鼻窥器

▶▶ 上颌窦探针 ◀◀

上颌窦探针用于探测上颌窦窦腔位置。

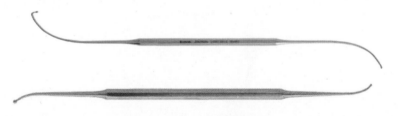

图 1-11-42　上颌窦探针

▶▶ 间接喉钳 ◀◀

间接喉钳用于钳取咽喉部活体组织或异物。

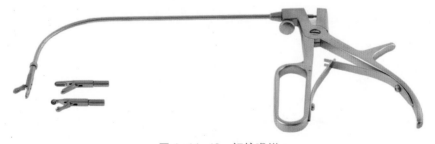

图 1-11-43　间接喉钳

▸▸ 支撑喉镜支撑架 ◂◂

支撑喉镜支撑架作为支撑件，配合支撑喉镜在临床上供喉部疾病的检查和手术用。

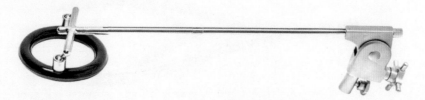

图 1-11-44　支撑喉镜支撑架

▸▸ 支撑喉镜 ◂◂

支撑喉镜用于喉部的检查和治疗。

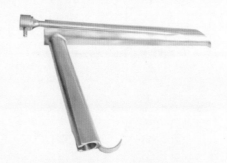

图 1-11-45　支撑喉镜

▸▸ 支撑喉镜灯芯 ◂◂

支撑喉镜灯芯用于喉部的检查和治疗，与内镜配套使用。

图 1-11-46　支撑喉镜灯芯

▶▶ 喉用钳 ◀◀

喉用钳用于喉部钳取异物和咬切息肉。

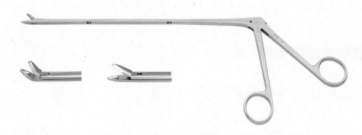

图 1-11-47　喉用钳

▶▶ 显微喉钳 ◀◀

显微喉钳用于口腔、咽喉（舌根部）、上食道（憩室）检查及对病灶实施手术。

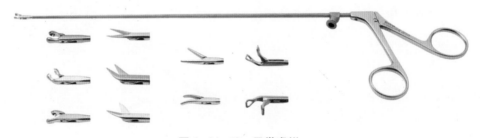

图 1-11-48　显微喉钳

▶▶ 显微喉针 ◀◀

显微喉针用于喉显微手术时挑刺脓肿、小结水肿。

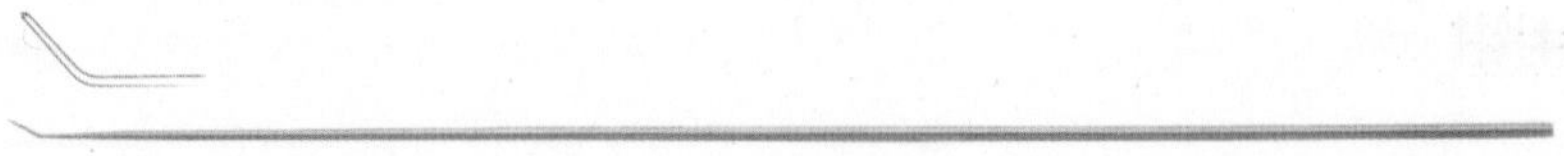

图 1-11-49 显微喉针

▶▶ **喉显微手术器械手柄** ◀◀

喉显微手术器械手柄配合显微喉针安装使用。

图 1-11-50 喉显微手术器械手柄

▶▶ **间接喉钳** ◀◀

间接喉钳用于钳取咽喉部活体组织或异物。

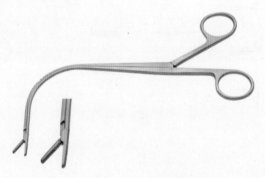

图 1-11-51 间接喉钳

▶▶ 异物喉钳 ◀◀

异物喉钳又称取鱼骨喉钳，与气管镜、食管镜及喉镜配套使用，用于气管和食管喉咙内钳取异物。

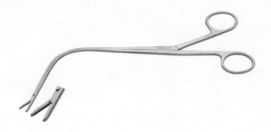

图 1-11-52　异物喉钳

〔钮敏红　陈　晖　王美华〕

§1.12　口腔颌面外科器械

▶▶ 拔牙钳 ◀◀

拔牙钳用于牙拔除术中，拔牙的钳子。

图 1-12-1　拔牙钳

▶▶ 正畸钳 ◀◀

正畸钳用于口腔科矫正畸齿时作切断与弯制钢丝。

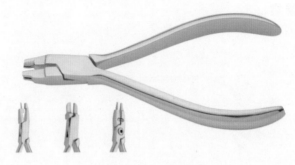

图 1-12-2　正畸钳

▶▶ 牙槽咬骨钳 ◀◀

牙槽咬骨钳用于牙科治疗，去除牙槽骨顶、骨缘软组织、不良肉芽组织。

图 1-12-3　牙槽咬骨钳

▶▶ 牙挺 ◀◀

牙挺用于拔牙前撬松牙齿或剔除牙根。

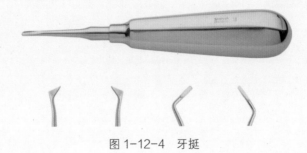

图 1-12-4　牙挺

▶▶ "丁"字形牙挺 ◀◀

"丁"字形牙挺用于撬松及撬除牙根等。

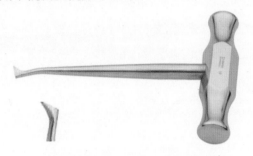

图 1-12-5 "丁"字形牙挺

▶▶ 牙冠挺 ◀◀

牙冠挺用于口腔修复科牙体金属冠开槽后撬松冠体。

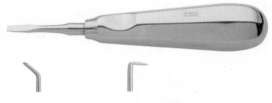

图 1-12-6 牙冠挺

▶▶ 牙科剪 ◀◀

牙科剪用于口腔科拔牙及牙科手术。

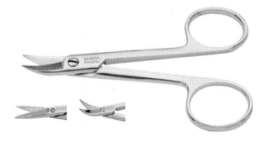

图 1-12-7 牙科剪

▶▶ 牙科镊 ◀◀

牙科镊用于牙科手术时夹持组织和敷料。

图 1-12-8　牙科镊

▶▶ 牙骨锤 ◀◀

牙骨锤用于牙周骨外科手术时敲击牙骨凿。

图 1-12-9　牙骨锤

▶▶ 牙骨锉 ◀◀

牙骨锉用于手术中锉掉粗糙的硬组织 。

图 1-12-10　牙骨锉

▶▶ 口镜 ◀◀

口镜用于牙科诊疗时观察患者的口腔情况。

图 1-12-11　口镜

▶▶ 牙用分离器 ◀◀

牙用分离器又称骨膜剥离器，用于口腔颌面外科手术或口内手术作分离牙骨膜与牙龈组织。

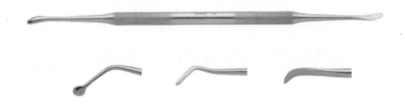

图 1-12-12　牙用分离器

▶▶ 牙用刀 ◀◀

牙用刀用于雕刻和修整多余的充填材料和悬突；调刀用于搅拌、携取口腔充填材料。

图 1-12-13　牙用刀

▶▶ 牙用凿 ◀◀

牙用凿用于颌面骨、牙周骨外科手术时凿除骨质或凿断骨连接。

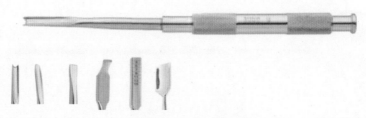

图 1-12-14　牙用凿

▶▶ 牙刮匙 ◀◀

牙刮匙用于口腔科撬除牙残根或碎根尖。

图 1-12-15　牙刮匙

▶▶ 牙釉凿 ◀◀

牙釉凿用于口腔外科手术时切断游离牙釉质；凿断骨连接、凿除牙骨组织、阻生牙及骨障碍用。

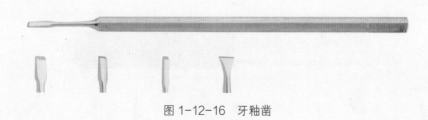

图 1-12-16　牙釉凿

▶▶ 刮治器 ◀◀

刮治器用于剔除龈下牙垢及牙石。

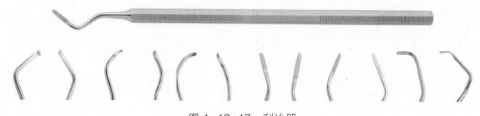

图 1-12-17　刮治器

▶▶ 研光器 ◀◀

研光器用于口腔科研光填充体使其边缘贴合洞壁。

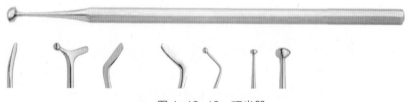

图 1-12-18　研光器

▶▶ 牙探针 ◀◀

牙探针用于探测窝洞及恢复器边缘，定位窝洞平角、尖角及牙齿表面不规则物。

图 1-12-19　牙探针

▶▶ 根管填充器 ◀◀

根管填充器用于各类牙齿树脂材料的窝洞填充。

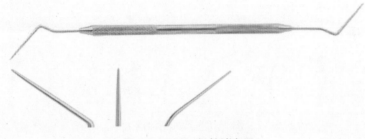

图 1-12-20　根管填充器

▶▶ 粘固粉填充器 ◀◀

粘固粉填充器用于口腔科补牙时充填粘固粉。

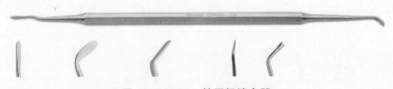

图 12-12-21　粘固粉填充器

▶▶ 牙用尺 ◀◀

牙用尺又称测量尺，用于牙科种植手术测量种植部位的尺寸。

图 1-12-22　牙用尺

▶▶ 口腔开口器 ◀◀

口腔开口器用于口腔科作张开上下唇，暴露牙列的唇颊面。

图 1-12-23　口腔开口器

▶▶ 单边开口器 ◀◀

单边开口器用于口腔科作张开单边上下唇，暴露牙列的唇颊面。

图 1-12-24　单边开口器

▶▶ 舌钳 ◀◀

舌钳用于患者舌体牵出口腔的专用器械，以解除舌后坠导致呼吸道梗塞。

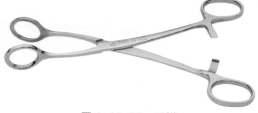

图 1-12-25　舌钳

▶▶ 压舌板 ◀◀

压舌板用于口腔诊察。

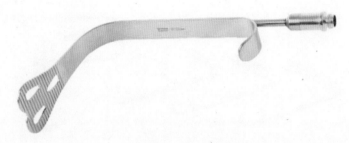

图 1-12-26　压舌板

▶▶ 显微眼用镊（系线镊）◀◀

显微眼用镊用于夹持缝线或组织使用。

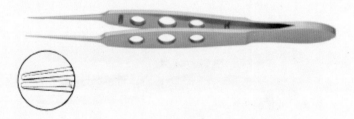

图 1-12-27　显微眼用镊（系线镊）

▶▶ 显微眼用镊（眼用组织镊）◀◀

显微眼用镊用于夹持缝线或组织使用。

图 1-12-28　显微眼用镊（眼用组织镊）

▶▶ 撕囊镊 ◀◀

撕囊镊用于白内障手术时，撕破囊膜或夹持囊膜用。

图 1-12-29　撕囊镊

▶▶ 眼用显微持针钳 ◀◀

眼用显微持针钳用于夹持缝针，缝合，打结缝线。

图 1-12-30　眼用显微持针钳

▶▶ 角膜剪 ◀◀

角膜剪用于剪切角膜及球结膜。

图 1-12-31　角膜剪

〔龚喜雪　陈　浩　李　艳〕

§1.13　综合腔镜器械

▶▶ 腔镜镜头 ◀◀

腔镜镜头有 5 mm、10 mm 之分，用于观察术野。

图 1-13-1　腔镜镜头

▶▶ 气腹管 ◀◀

气腹管用于腹腔镜手术，通过气腹管充入 CO_2 为手术医生提供操作空间。

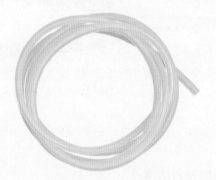

图 1-13-2　气腹管

▶▶ 气腹针 ◀◀

气腹针用于腹腔穿刺建立气腹。

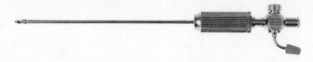

图 1-13-3　气腹针

▶▶ 穿刺器 ◀◀

穿刺器用于腹腔穿刺。

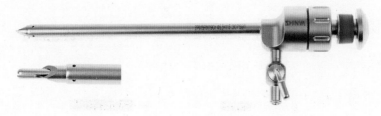

图 1-13-4　穿刺器

▶▶ 转换器 ◀◀

转换器用于腹腔镜 5～10 mm 穿刺器之间的转换。

图 1-13-5　转换器

▶▶ 穿刺针 ◀◀

穿刺针用于腹腔内穿刺。

图 1-13-6　穿刺针

▶▶ **电凝** ◀◀

电凝用于腹腔内脏器电切、电凝，以达到切割、止血效果有钩型、铲型、棒型之分。

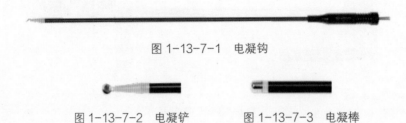

图 1-13-7-1　电凝钩

图 1-13-7-2　电凝铲　　　　　图 1-13-7-3　电凝棒

▶▶ **分离钳** ◀◀

分离钳用于腹腔镜下分离组织、血管。

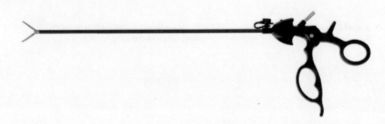

图 1-13-8　分离钳

▶▶ **直角钳** ◀◀

直角钳用于腹腔镜下分离血管。

图 1-13-9　直角钳

▶▶ 勺钳 ◀◀

勺钳用于探查腹腔，夹持组织。

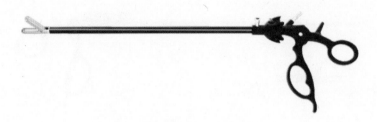

图 1-13-10　勺钳

▶▶ 腔镜剪 ◀◀

腔镜剪分直剪、弯剪，直剪用于剪线，弯剪用于游离、剪开腹腔内组织。

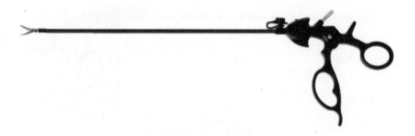

图 1-13-11-1　腔镜剪

图 1-13-11-2　腔镜剪直剪　　图 1-13-11-3　腔镜剪弯剪

▶▶ 腔镜胃钳 ◀◀

腔镜胃钳用于提夹，牵拉胃。

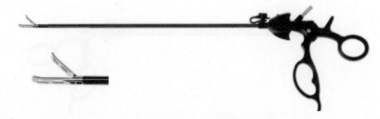

图 1-13-12　腔镜胃钳

▶▶ 无损伤抓钳 ◀◀

无损伤抓钳用于提夹腹腔内组织。

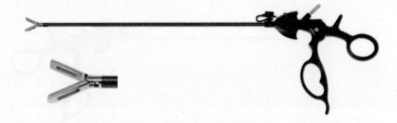

图 1-13-13　无损伤抓钳

▶▶ 腔镜肠钳 ◀◀

腔镜肠钳用于提夹，牵拉肠组织。

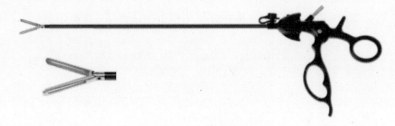

图 1-13-14　腔镜肠钳

▶▶ 推杆式吸引器 ◀◀

推杆式吸引器用于腹腔内冲洗及吸引。

图 1-13-15　推杆式吸引器

▶▶ 按压式吸引器 ◀◀

按压式吸引器用于腹腔内冲洗及吸引。

图 1-13-16　按压式吸引器

▶▶ 腔镜持针器 ◀◀

腔镜持针器用于夹持缝针、协助缝线打结。

图 1-13-17　腔镜持针器

▶▶ 五叶钳 ◀◀

五叶钳又称扇钳，有 5 mm、10 mm 之分，用于分开腹腔内肠管、网膜、肺组织等。

图 1-13-18-1　5 mm 五叶钳

图 1-13-18-2　10 mm 五叶钳

▶▶ 施夹钳 ◀◀

施夹钳分 5 mm 中号（ML）、10 mm 大号（L）、12 mm 加大号（XL），配合生物夹用于腹腔内血管夹闭。

图 1-13-19-1　中号施夹钳

图 1-13-19-2　大号施夹钳

图 1-13-19-3　加大号施夹钳

▶▶ 输尿管抓钳 ◀◀

输尿管抓钳用于抓取输尿管组织。

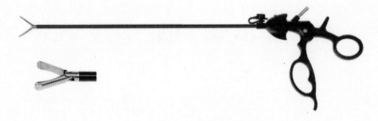

图 1-13-20　输尿管抓钳

▶▶ 推结器 ◀◀

推结器用于体腔内打结。

图 1-13-21　推结器

〔钮敏红　于　从　刘　勇〕

§2

手术器械组配及适应手术

　　本章节介绍了我院手术室普外科、妇产科、骨科、神经外科、心胸血管外科、眼耳鼻咽喉口腔科、烧伤整形科等 20 余个手术专科的 200 套手术器械、31 套综合动力系统器械、25 套综合腹腔镜器械的优化组配方案及适应手术类型，以方便临床相关人员快速熟悉和掌握专科手术器械。

§2.1　普通外科手术器械

§2.1.1　肝胆胰手术器械

▶▶ 组合图谱及明细 ◀◀

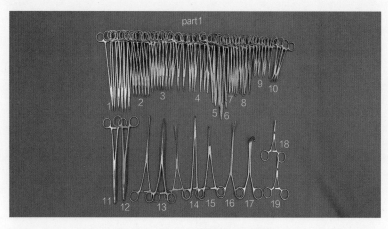

图 2-1-1-1　肝胆胰手术器械

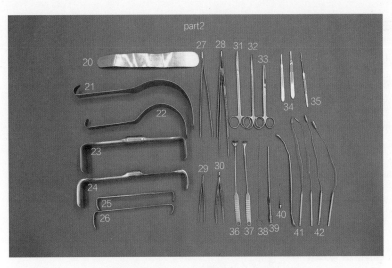

图 2-1-1-2　肝胆胰手术器械

序号	名称	规格	基数	序号	名称	规格	基数
1	弯钳	24 cm	6	21～22	S拉钩	大/小	各1
2	弯钳	20 cm	6	23～24	腹腔拉钩		2
3	弯钳	18 cm	10	25～26	甲状腺拉钩		2
4	直钳	18 cm	6	27	无齿镊	20 cm	1
5	持针器	24 cm	2	28	无损伤镊	20 cm	2
6	金把持针器	24/22 cm	各1	29	无齿镊	12.5 cm	1
7	持针器	18 cm	2	30	有齿镊	12.5 cm	2
8	组织钳	18 cm	6	31	薄剪	22 cm	1
9	小弯钳	14 cm	6	32	金把组织剪	22 cm	1
10	布巾钳	14 cm	2	33	线剪	18 cm	1
11～12	卵圆钳	有/无齿	各1	34	刀柄	4#	2
13	肠钳	26 cm	3	35	刀柄	7#	1
14	直角钳	24 cm	1	36～37	血管拉钩		2
15	直角钳	22 cm	1	38～39	吸引器带通条		各1
16～17	取石钳	直/弯	各1	40	吸引器	钝针头	1
18～19	阻断钳		2	41	胆道刮匙		1
20	压肠板		1	42	胆道刮匙		4

▶▶ **适用手术** ◀◀

1. 肝癌（含肝部分）切除术。
2. 胆道探查 T 管引流术。
3. 胰十二指肠切除术。
4. 肝门部胆管癌根治术。
5. 胆囊癌根治术。

§2.1.2　普通外科显微器械

▶▶ **组合图谱及明细** ◀◀

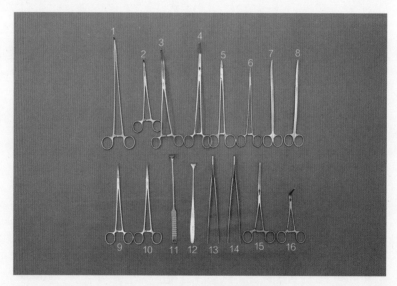

图 2-1-2　普通外科外显微器械

序号	名称	规格	基数	序号	名称	规格	基数
1~2	直角钳	26 cm/18 cm	各1	9~10	弯血管钳	24 cm	2
3~4	心耳钳	26 cm/24 cm	各1	11~12	肾窦拉钩		2
5~6	显微持针器	20 cm/18 cm	各1	13~14	血管镊	20 cm	2
7~8	薄组织剪	18 cm	2	15~16	主动脉钳	14 cm	2

▶▶ 适用手术 ◀◀

1. 肝切除术。
2. 门奇静脉断流术。
3. 肝门部胆管癌根治术。

§2.1.3 胃肠手术基础器械

▶▶ 组合图谱及明细 ◀◀

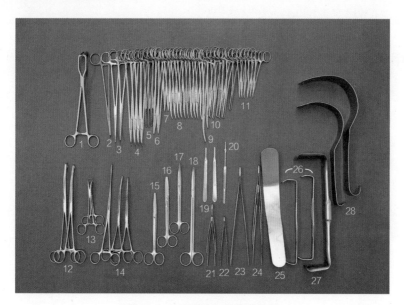

图 2-1-3 胃肠手术基础器械

序号	名称	规格	基数	序号	名称	规格	基数
1	荷包钳	7齿	1	7	持针器	18 cm	2
2	直角钳	24 cm	1	8	弯血管钳	18 cm	10
3	弯钳	26 cm粗头	2	9	有齿止血钳	22 cm	2
4	弯钳	26 cm细头	4	10	组织钳	18 cm	6
5	黏膜钳	18 cm	3	11	蚊氏钳	12.5 cm	6
6	持针器	22 cm	2	12	卵圆钳	有/无齿	各1

续表

序号	名称	规格	基数	序号	名称	规格	基数
13	布巾钳	14 cm	2	22	无齿镊	12.5 cm	1
14	肠钳	26 cm	3	23	长无齿镊	24 cm	1
15～16	线剪	18 cm	2	24	无损伤镊	22 cm	2
17	组织剪	18 cm	1	25	压肠板		1
18	薄剪	25 cm	1	26	甲状腺拉钩		2
19	刀柄	4#	2	27	腹腔拉钩		1
20	刀柄	7#	1	28	S拉钩	大/小	各1
21	有齿镊	12.5 cm	2				

▶▶ 适用手术 ◀◀

1. 腹腔镜下胃癌根治术。

2. 腹腔镜下结肠癌根治术。

3. 腹腔镜下经腹直肠癌根治术（Dixon）。

4. 腹腔镜下经腹会阴直肠癌根治术（Miles）。

5. 开腹排粪石术。

6. 达芬奇机器人辅助下结肠癌根治术。

7. 达芬奇机器人辅助下胃癌根治术。

§2.1.4　脾脏手术专用器械

▶▶ **组合图谱及明细** ◀◀

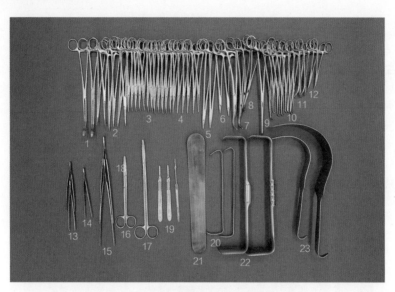

图 2-1-4　脾脏手术专用器械

序号	名称	规格	基数	序号	名称	规格	基数
1	卵圆钳	有/无齿	各1	13	有齿镊	12.5 cm	2
2	弯钳	26 cm	6	14	无齿镊	12.5 cm	1
3	弯钳	18 cm	12	15	无齿镊	22 cm	2
4	直钳	18 cm	6	16	线剪	18 cm	1
5	持针器	24 cm	2	17	薄剪	22 cm	1
6	持针器	18 cm	2	18	刀柄	4#	2
7	脾蒂钳	24 cm	2	19	刀柄	7#	1
8	心耳钳	24 cm	2	20	压肠板		1
9	直角钳	26/22 cm	各1	21	甲状腺拉钩		2
10	组织钳	18 cm	6	22	腹腔拉钩		2
11	布巾钳	14 cm	2	23	S拉钩	大/小	2
12	蚊氏钳	12.5 cm	2				

▶▶ **适用手术** ◀◀

脾切除术。

§2.1.5　腹部牵开器

▶▶ **组合图谱及明细** ◀◀

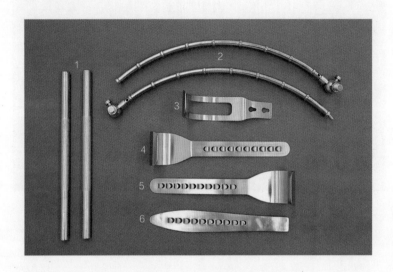

图 2-1-5　腹部牵开器

序号	名称	基数	序号	名称	基数
1	固定杆	2	4～5	直型拉钩	2
2	半圆固定架	2	6	手柄	1
3	小S拉钩	1			

▶▶ **适用手术** ◀◀

1. 肝部分切除术。

2. 肠梗阻（肠切除＋肠吻合术）。

3. 门奇静脉断流术。

4．剖腹探查术。

§2.1.6　甲状腺拉钩

▶▶ 组合图谱及明细 ◀◀

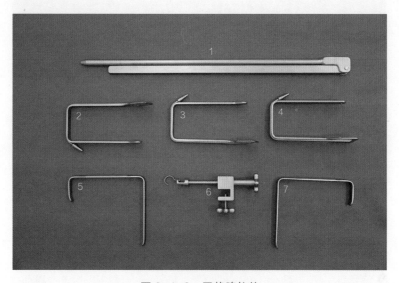

图 2-1-6　甲状腺拉钩

序　号	名　称	基　数
1	悬吊杆	1
2~6	拉钩	5
7	悬吊卷帘器	1

▶▶ 适用手术 ◀◀

1．腔镜下甲状腺癌根治术。

2．腔镜辅助下保留乳头、乳晕皮下腺体切除术。

§2.1.7　甲状腺手术器械

▶▶ **组合图谱及明细** ◀◀

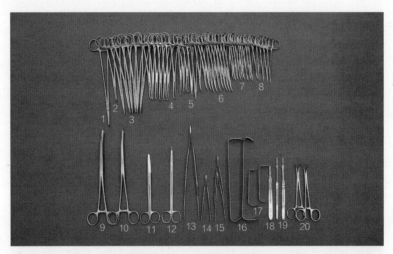

图 2-1-7　甲状腺手术器械

序号	名称	规格	基数	序号	名称	规格	基数
1	直角钳	22 cm	1	11	线剪	18 cm	1
2	直角钳	18 cm	1	12	薄剪	18 cm	1
3	弯血管钳	24 cm	6	13	无齿镊	20 cm	1
4	组织钳	18 cm	10	14	无齿镊	12.5 cm	1
5	持针器	18 cm	2	15	有齿镊	12.5 cm	2
6	弯血管钳	16 cm	10	16	甲状腺拉钩		2
7	蚊氏钳	12.5 cm	10	17	小甲状腺拉钩		2
8	直钳	12.5 cm	4	18	刀柄	4#	1
9	卵圆钳	26 cm有齿	1	19	刀柄	7#	2
10	卵圆钳	26 cm无齿	1	20	布巾钳	14 cm	2

▶▶ **适用手术** ◀◀

1. 甲状腺癌根治术。

2. 甲状腺肿物切除术。

3. 喉癌切除术。

§2.1.8　乳腺癌手术器械

▶▶ **组合图谱及明细** ◀◀

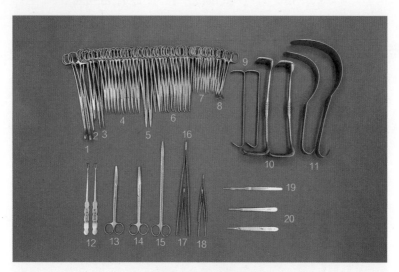

图 2-1-8　乳腺癌手术器械

序号	名称	规格	基数	序号	名称	规格	基数
1	卵圆钳	26 cm	2	11	S拉钩		2
2	直角钳	大/小	各1	12	扒钩		2
3	弯钳	24 cm	2	13	线剪	18 cm	1
4	弯钳	18 cm	10	14	组织剪	18 cm	1
5	持针器	24/18 cm	各2	15	薄剪	24 cm	1
6	组织钳	18 cm	10	16	无齿镊	20 cm	1
7	蚊氏钳	12.5 cm	10	17	无齿镊	12.5 cm	1
8	布巾钳	14 cm	2	18	有齿镊	12.5 cm	2
9	甲状腺拉钩		2	19	刀柄	7#	1
10	腹腔拉钩		2	20	刀柄	4#	2

适用手术 ◀◀

1. 乳腺癌改良根治术。
2. 保留乳头、乳晕的皮下腺体切除术。
3. 乳腺癌保乳术 + 前哨淋巴结活检术。

§2.1.9　甲状腺癌手术专用器械

组合图谱及明细 ◀◀

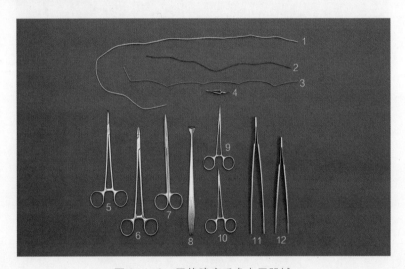

图 2-1-9　甲状腺癌手术专用器械

序号	名称	规格	基数	序号	名称	规格	基数
1～3	血管阻断		3	7	薄剪	18 cm	1
4	血管夹	3 mm	1	8	血管拉钩		1
5	直角钳	18 cm	1	9～10	显微弯钳	12.5 cm	2
6	持针器	18 cm	1	11～12	无损伤镊	18/20 cm	各1

适用手术 ◀◀

甲状腺癌根治术。

§2.1.10　肛周手术器械

▶▶ **组合图谱及明细** ◀◀

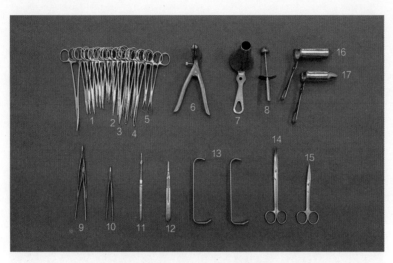

图 2-1-10　肛周手术器械

序号	名称	规格	基数	序号	名称	规格	基数
1	各种弯血管钳	14/18/22 cm	10	9	有齿镊	12.5 cm	2
2	直钳	16 cm	2	10	无齿镊	12.5 cm	1
3	持针器	18 cm	1	11	刀柄	7#	1
4	组织钳	18 cm	4	12	刀柄	4#	1
5	布巾钳	14 cm	2	13	甲状腺拉钩		2
6	肛窥		1	14	线剪	18 cm	1
7	喇叭窥		1	15	组织剪	18 cm	1
8	喇叭窥芯		1	16～17	半窥器	大/小	各1

▶▶ **适用手术** ◀◀

1. 肛周脓肿切开排脓术。
2. 肛瘘切除挂线术。

3. 肛裂切除术。

4. 混合痔（内痔、外痔、肛乳头）切除术（含套扎术）。

5. 藏毛窦切除术。

6. 直肠黏膜环切术。

§2.1.11 浅表手术器械

▶▶ 组合图谱及明细 ◀◀

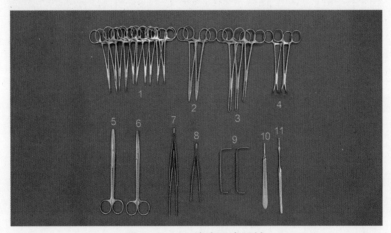

图 2-1-11 浅表手术器械

序号	名称	规格	基数	序号	名称	规格	基数
1	蚊氏钳	14/12.5 cm	10	7	有齿镊	12.5 cm	2
2	持针器	16 cm	2	8	无齿镊	12.5 cm	1
3	组织钳	18 cm	3	9	小甲钩		2
4	布巾钳	14 cm	2	10	刀柄	4#	1
5	线剪	18 cm	1	11	刀柄	7#	1
6	薄剪	18 cm	1				

▶▶ 适用手术 ◀◀

1. 乳腺肿物切除术。

2. 淋巴结活检术。

3. 脂肪瘤切除术。

4. 腹腔镜下胆囊切除术。

5. 腹腔镜下胆道探查 T 管引流术。

6. 腹腔镜下疝修补术。

7. 腹腔镜下阑尾切除术。

8. 腹腔镜下袖状胃切除术。

§2.1.12　开放中手术器械

▶▶ **组合图谱及明细** ◀◀

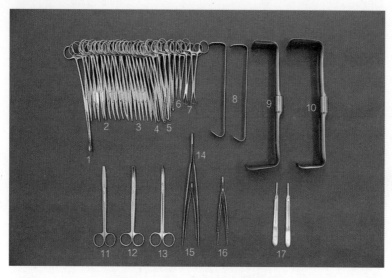

图 2-1-12　开放中手术器械

序号	名称	规格	基数	序号	名称	规格	基数
1	无齿卵圆钳	26 cm	1	6	蚊氏钳	14 cm	2
2	弯钳	18 cm	10	7	布巾钳	14 cm	2
3	直钳	18 cm	6	8	甲状腺拉钩		2
4	持针器	18 cm	2	9～10	腹腔拉钩		2
5	组织钳	18 cm	6	11	线剪	18 cm	1

续表

序号	名称	规格	基数	序号	名称	规格	基数
12	组织剪	18 cm	1	15	无齿镊	12.5 cm	1
13	薄剪	18 cm	1	16	有齿镊	12.5 cm	2
14	无齿镊	20 cm	1	17	刀柄	4#	2

▶▶ **适用手术** ◀◀

1. 疝（腹壁疝、切口疝、腹股沟疝）修补术。
2. 脂肪瘤切除术。
3. 腔镜下甲状腺癌根治术。

〔龚喜雪　贺红梅　鲍亚楠〕

§2.2　神经外科手术器械

§2.2.1　开颅手术基础器械

▶▶ **组合图谱及明细** ◀◀

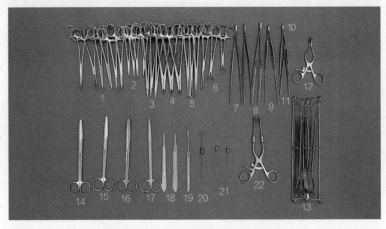

图 2-2-1-1　开颅手术基础器械

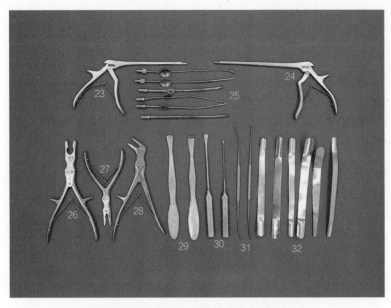

图 2-2-1-2　开颅手术基础器械

序号	名称	规格	基数	序号	名称	规格	基数
1	弯钳	16 cm	6	18	刀柄	4#	2
2	蚊氏钳	12.5 cm	4	19	刀柄	7#	1
3	持针器	18 cm	3	20	脑穿针及针芯		1套
4	头皮夹钳	18 cm	3	21	针头	9#	2
5	组织钳	18 cm	4	23	椎板咬骨钳	4 mm	1
6	布巾钳	14 cm	2	24	椎板咬骨钳	2 mm	1
7	脑膜镊	20 cm	1	25	吸引器	20 cm	6
8	尖镊	20 cm	1	26	三关节咬骨钳	大	1
9～10	枪状镊	20 cm	2	27	三关节咬骨钳	小	1
11	有齿镊	12.5 cm	2	28	咬骨钳	鸟嘴	1
12	乳突拉钩		1	29	骨膜剥离子	22 cm	3
13	头皮拉钩		4	30	刮匙	24 cm	1
14～15	线剪	18 cm	2	31	神经剥离子	24 cm	2
16	组织剪	18 cm	1	32	脑压板		6
17	薄剪	18 cm	1				

▶▶ 适用手术 ◀◀

1. 开放性颅脑损伤清除术 + 静脉窦破裂手术。
2. 颅内多发血肿清除术。
3. 大静脉窦旁脑膜瘤切除 + 血管窦重建术。
4. 幕上深部病变切除术。
5. 桥小脑角肿瘤切除术。
6. 脑功能区病变切除术。
7. 脑动脉瘤动静脉畸形切除术。
8. 颞浅动脉–大脑中动脉吻合术。
9. 颅神经微血管减压术。
10. 侧脑室–腹腔分流术。

§2.2.2　颈动脉内膜手术器械

▶▶ 组合图谱及明细 ◀◀

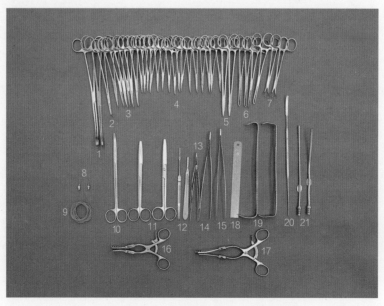

图 2-2-2　颈动脉内膜手术器械

序号	名称	规格	基数	序号	名称	规格	基数
1	有齿卵圆钳	26 cm	2	11	线剪	18 cm	2
2	直角钳	18 cm	1	12	刀柄	4#、7#	各1
3	弯钳	16 cm	6	13	有齿镊	12.5 cm	2
4	蚊氏钳	14 cm	16	14	脑膜镊	20 cm	1
5	持针器	18 cm	2	15	枪状镊	20 cm	1
6	组织钳	18 cm	4	16~17	乳突拉钩		2
7	布巾钳	14 cm	2	18	钢尺		1
8	针头	9#	2	19	甲状腺拉钩		2
9	橡皮筋		10	20	神经剥离子	24 cm	1
10	薄剪	18 cm	1	21	吸引器	20 cm	2

▶▶ 适用手术 ◀◀

1. 颈内动脉内膜剥脱术＋动脉成形术。
2. 椎动脉内膜剥脱术＋动脉成形术。
3. 双侧迷走神经剥离术。
4. 椎动脉减压术。
5. 颈动脉结扎术。
6. 颈动脉体瘤切除＋血管移植术。

§2.2.3 颅后窝手术专用器械

▶▶ 组合图谱及明细 ◀◀

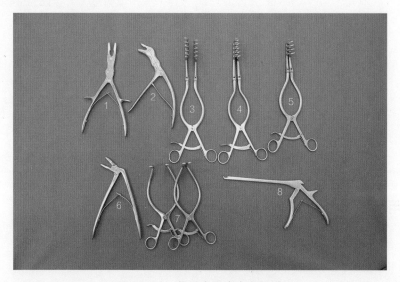

图 2-2-3　颅后窝手术专用器械

序号	名称	基数	序号	名称	基数
1~2	三关节咬骨钳	2	7	羊角拉钩	2
3~5	椎板牵开器	2	8	椎板咬骨钳	1
6	狼嘴咬骨钳	1			

▶▶ 适用手术 ◀◀

1. 小脑半球病变切除术。
2. 脑干肿瘤切除术。
3. 脑干血管畸形切除术。
4. 自发脑干血肿切除术。
5. 小脑实性血网切除术。
6. 环枕畸形减压术。

§2.2.4　颅骨骨折手术专用器械

▶▶ **组合图谱及明细** ◀◀

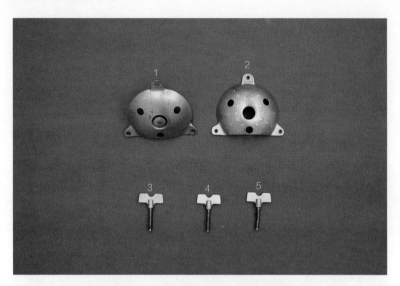

图 2-2-4　颅骨骨折手术专用器械

序　号	名　称	基　数
1～2	整复板	2
3～5	固定螺丝	3

▶▶ **适用手术** ◀◀

颅骨凹陷骨折复位术。

§2.2.5 DORO 脑牵开器械

▶▶ **组合图谱及明细** ◀◀

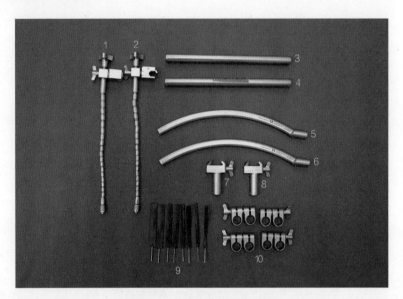

图 2-2-5 DORO 脑牵开器械

序号	名称	基数	序号	名称	基数
1~2	蛇形拉钩	2	7~8	适配器	2
3~4	支撑杆	2	9	脑压板	8
5~6	曲臂	2	10	连接器	4

▶▶ **适用手术** ◀◀

1. 颅底肿瘤切除术。

2. 脑干肿瘤切除术。

3. 桥小脑角肿瘤切除术。

4. 幕上深部病变切除术。

5. 海绵窦区肿瘤切除术。

6. 脑动脉瘤动静脉畸形切除术。

7. 丘脑肿瘤切除术。

8. 松果体区肿瘤切除术。

9. 脑功能区占位病变切除术。

10. 鞍区占位病变切除术。

§2.2.6　脑积水分流手术专用器械

▶▶ **组合图谱及明细** ◀◀

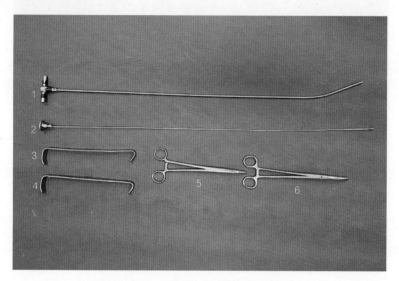

图 2-2-6　脑积水分流手术专用器械

序　号	名　称	规　格	基　数
1	通条	65 cm	1
2	通条芯	65 cm	1
3~4	甲状腺拉钩		2
5~6	弯钳	22 cm	2

▶▶ **适用手术** ◀◀

侧脑室-腹腔分流术。

§2.2.7 神经钩显微专用器械

▶▶ 组合图谱及明细 ◀◀

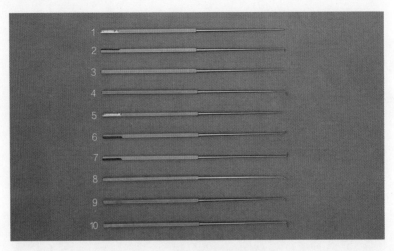

图 2-2-7 神经钩显微专用器械

序　号	名　称	基　数
1～10	神经钩	10

▶▶ 适用手术 ◀◀

1. 颅底肿瘤切除术。
2. 脑干肿瘤切除术。
3. 桥小脑角肿瘤切除术。
4. 幕上深部病变切除术。
5. 海绵窦区肿瘤切除术。
6. 脑动脉瘤动静脉畸形切除术。
7. 丘脑肿瘤切除术。
8. 松果体区肿瘤切除术。
9. 脑功能区占位病变切除术。
10. 鞍区占位病变切除术。

§2.2.8 脑肿瘤手术显微器械

▶▶ 组合图谱及明细 ◀◀

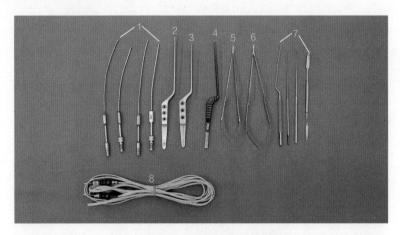

图 2-2-8 脑肿瘤手术显微器械

序号	名称	规格	基数	序号	名称	规格	基数
1	吸引器	24 cm	4	5~6	神外显微剪刀	弯/直	2
2	取瘤镊	大/小	各1	7	剥离子		4
3	苏特双极镊	枪状	1	8	双极电凝线		2
4	蛇牌双极镊	枪状	1				

▶▶ 适用手术 ◀◀

1. 小脑半球病变切除术。
2. 幕上浅部病变切除术。
3. 幕上深部病变切除术。
4. 大静脉窦旁脑膜瘤切除 + 血管窦重建术。
5. 桥小脑角肿瘤切除术。
6. 脑干肿瘤切除术。
7. 松果体区肿瘤切除术。
8. 脑干肿瘤切除术。

9．颅内血肿清除术。

10．癫痫病灶切除术。

§2.2.9　颈动脉内膜手术显微器械

▶▶ 组合图谱及明细 ◀◀

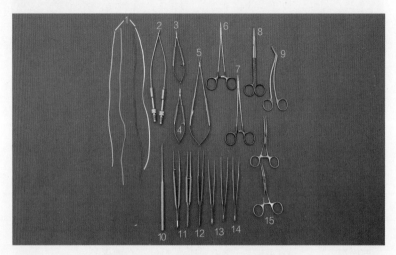

图 2-2-9　颈动脉内膜手术显微器械

序号	名称	规格	基数	序号	名称	规格	基数
1	阻断带		4	9	侧弯剪刀		0
2	吸引器	22 cm	2	10	剥离子	20 cm	1
3	显微剪	直	1	11	圈镊	大、小	各1
4	显微剪	弯	1	12	长镊	20 cm	1
5	显微持针器	18 cm	1	13	显微尖镊	18 cm	2
6～7	黑柄持针器	16 cm	2	14	DeBakey镊	18 cm	1
8	超锋利剪	黑柄	1	15	阻断钳		2

▶▶ 适用手术 ◀◀

1．颈内动脉内膜剥脱术＋动脉成形术。

2. 椎动脉内膜剥脱术 + 动脉成形术。

3. 双侧迷走神经剥离术。

4. 椎动脉减压术。

5. 颈动脉结扎术。

6. 颈动脉体瘤切除 + 血管移植术。

§2.2.10　脑动脉瘤手术显微器械

▶▶ **组合图谱及明细** ◀◀

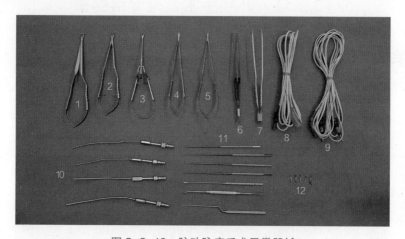

图 2-2-10　脑动脉瘤手术显微器械

序号	名称	基数	序号	名称	基数
1~3	夹持器	3	8	蛇牌双极线	1
4	显微弯剪	1	9	苏特双极线	1
5	显微直剪	1	10	蛇牌吸引器	4
6	苏特双极镊	1	11	剥离子	7
7	蛇牌双极镊	1	12	临时阻断夹	5

▶▶ **适用手术** ◀◀

1. 颅内巨大动脉瘤夹闭切除术。

2. 颅内动脉瘤包裹术。

3. 颅内动静脉畸形切除术。

4. 颅内血肿清除术。

5. 脑干血管畸形切除术。

6. 颅内巨大动静脉畸形栓塞后切除术。

7. 颞浅动脉-大脑中动脉吻合术。

8. 颞肌颞浅动脉贴敷术。

9. 颅内血管重建术。

§2.2.11　开颅手术显微专用器械

▶▶ **组合图谱及明细** ◀◀

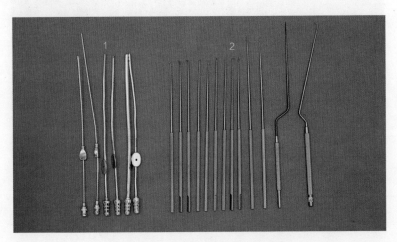

图 2-2-11　开颅手术显微专用器械

序　号	名　　称	规　格	基　数
1	吸引器	20/22 cm	6
2	显微剥离子	18/20/22 cm	13

▶▶ **适用手术** ◀◀

1. 颅底肿瘤切除术。

2. 脑干肿瘤切除术。

3. 桥小脑角肿瘤切除术。

4. 幕上深部病变切除术。

5. 海绵窦区肿瘤切除术。

6. 脑动脉瘤动静脉畸形切除术。

7. 丘脑肿瘤切除术。

8. 松果体区肿瘤切除术。

9. 脑功能区占位病变切除术。

10. 鞍区占位病变切除术。

§2.2.12 烟雾病手术专用器械

▶▶ **组合图谱及明细** ◀◀

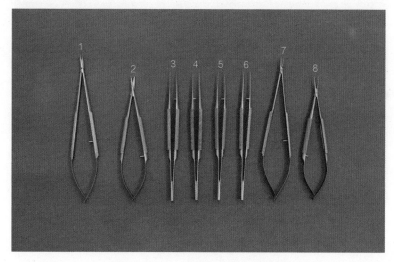

图 2-2-12 烟雾病手术专用器械

序号	名称	规格	基数	序号	名称	规格	基数
1	显微剪	弯	1	5~6	显微弯镊	18 cm	2
2	显微剪	直	1	7	显微持针器	弯	1
3~4	显微尖镊	18 cm	2	8	显微持针器	直	1

▶▶ **适用手术** ◀◀

1. 颞浅动脉-大脑中动脉吻合术。

2. 颞肌颞浅动脉贴敷术。

3. 颅外内动脉搭桥术。

4. 取大隐静脉颞浅动脉-大脑中动脉吻合术。

§2.2.13 微血管减压手术显微器械

▶▶ **组合图谱及明细** ◀◀

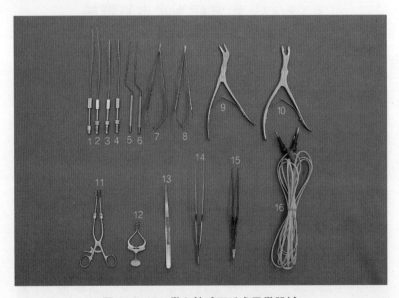

图 2-2-13 微血管减压手术显微器械

序号	名称	规格	基数	序号	名称	规格	基数
1~4	吸引器	20/22 cm	4	13	脑压板		1
5~6	剥离子	20 cm	2	14	枪状镊	20 cm	1
7~8	显微剪刀	直/弯	各1	15	苏特双极电凝镊	枪状	1
9~10	咬骨钳		2	16	苏特双极电凝线		1
11~12	乳突拉钩	大/小	各1				

▶▶ **适用手术** ◀◀

1. 面神经微血管减压术。
2. 三叉神经微血管减压术。
3. 听神经微血管减压术。
4. 舌咽神经微血管减压术。

§2.2.14 椎管手术显微器械

▶▶ **组合图谱及明细** ◀◀

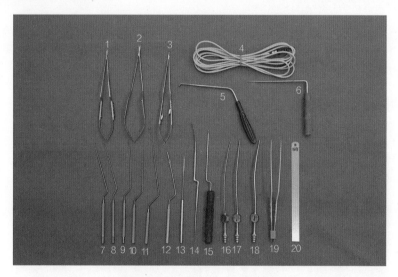

图 2-2-14 椎管手术显微器械

序号	名称	规格	基数	序号	名称	规格	基数
1	显微剪	18 cm/弯	1	12	枪状刀柄	7#	1
2	显微剪	18 cm/直	1	13~14	神经剥离子	银	2
3	显微持针器	18 cm	1	15	神经钩		1
4	双极电凝线		1	16~18	吸引器（带芯）	4/6/8#	各1
5~6	神经拉钩		2	19	蛇牌双极电凝镊	枪状	1
7~11	神经剥离子	蓝	5	20	钢尺		1

适用手术 ◄◄

1. 脊髓硬膜外病变切除术。
2. 髓外硬脊膜下病变切除术。
3. 脊髓内病变切除术。
4. 硬脊膜动静脉瘘切除术。
5. 脊髓动静脉瘘切除术。
6. 脊髓和神经根粘连松解术。
7. 经皮微通道椎管内占位病变切除术。
8. 经皮微通道椎间盘髓核摘除术。
9. 椎管内脓肿切开引流术。

§2.2.15　椎管手术后路扩张器械

组合图谱及明细 ◄◄

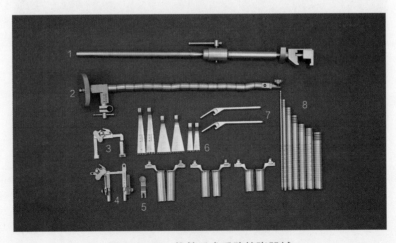

图 2-2-15　椎管手术后路扩张器械

序号	名称	基数	序号	名称	基数
1	连接架	1	3~4	撑开器	2
2	蛇形支架	1	5	锁紧支架	1

续表

序号	名称	基数		序号	名称	基数
6	拉钩	12		8	多级套管	7
7	扳手	2				

▶▶ 适用手术 ◀◀

1. 后路经皮微通道椎间盘髓核摘除术。
2. 后路经皮微通道椎管内占位切除术。

§2.2.16 椎管手术显微套管器械

▶▶ 组合图谱及明细 ◀◀

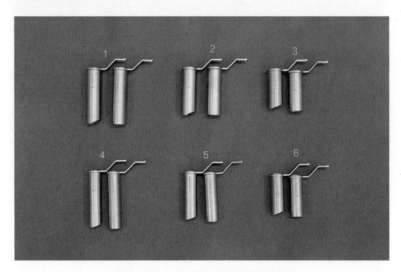

图 2-2-16 椎管手术显微套管器械

序号	名称	规格	基数		序号	名称	规格	基数
1	套管	16×70	2		4	套管	14×70	2
2	套管	16×60	2		5	套管	14×60	2
3	套管	16×50	2		6	套管	14×50	2

适用手术 ◀◀

1. 后路经皮微通道椎间盘髓核摘除术。
2. 后路经皮微通道椎管内占位切除术。

§2.2.17　椎管手术专用器械

组合图谱及明细 ◀◀

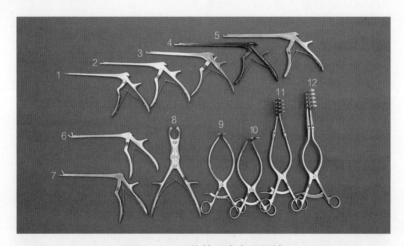

图 2-2-17　椎管手术专用器械

序号	名称	规格	基数	序号	名称	规格	基数
1~5	椎板咬骨钳	1~5 mm	5	8	棘突咬骨钳		1
6	髓核钳	60°	1	9~10	羊角钩	深/浅	各1
7	髓核钳	直头	1	11~12	撑开器	大/小齿	各1

适用手术 ◀◀

1. 胸腰椎骨折内固定复位术。
2. 腰椎滑脱椎弓根螺钉内固定植骨融合术 + 行椎板切除减压间盘摘除。
3. 脊柱椎间融合器植入植骨融合术。
4. 颈椎骨折脱位手术复位植骨融合内固定术。

5. 脊髓硬膜外病变切除术。

6. 髓外硬脊膜下病变切除术。

7. 脊髓内病变切除术。

8. 硬脊膜动静脉瘘切除术。

9. 椎管内脓肿切开引流术。

§2.2.18　史赛克超声吸引器械

▶▶ 组合图谱及明细 ◀◀

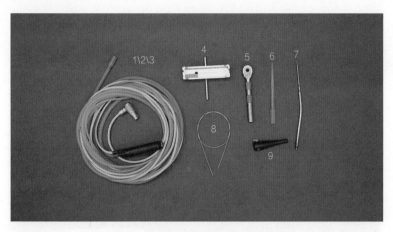

图 2-2-18　史赛克超声吸引器械

序号	名称	规格	基数	序号	名称	规格	基数
1~3	短黑手柄/冲洗管道/吸引管	套	1	7	长刀头		1
4	底座		1	8	专用通条		1
5	扳手		1	9	黑套帽		1
6	白套帽		1				

▶▶ 适用手术 ◀◀

1. 颅底肿瘤切除术。

2. 脑干肿瘤切除术。

3. 桥小脑角肿瘤切除术。

4. 幕上深部病变切除术。

5. 海绵窦区肿瘤切除术。

6. 丘脑肿瘤切除术。

7. 松果体区肿瘤切除术。

8. 脑功能区占位病变切除术。

9. 鞍区占位病变切除术。

10. 经颅内镜经鼻蝶颅咽管瘤切除术。

§2.2.19 INTERGRA 超声吸引器械

▶▶ 组合图谱及明细 ◀◀

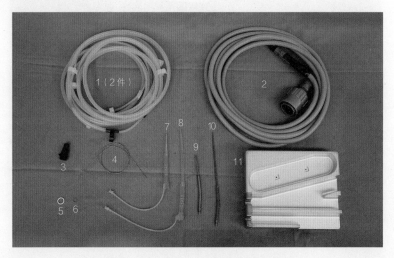

图 2-2-19 INTERGRA 超声吸引器械

序号	名称	规格	基数	序号	名称	规格	基数
1	冲水管	套	2	5～6	橡胶圈	白色/蓝色	各1
2	手柄电缆		1	7～8	保护套		2
3	手柄盖		1	9～10	超声刀头		2
4	通条		1	11	超声底座		1

▶▶ **适用手术** ◀◀

1. 颅底肿瘤切除术。
2. 脑干肿瘤切除术。
3. 桥小脑角肿瘤切除术。
4. 幕上深部病变切除术。
5. 海绵窦区肿瘤切除术。
6. 丘脑肿瘤切除术。
7. 松果体区肿瘤切除术。
8. 脑功能区占位病变切除术。
9. 鞍区占位病变切除术。
10. 经颅内镜经鼻蝶颅咽管瘤切除术。

§2.2.20 蛇牌脑室镜操作器械

▶▶ **组合图谱及明细** ◀◀

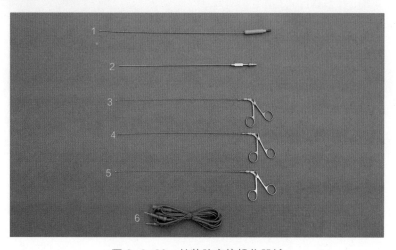

图 2-2-20 蛇牌脑室镜操作器械

序号	名称	规格	基数	序号	名称	规格	基数
1	双极电凝		2	3~5	操作钳	2 mm	3
2	吸引器	3 mm	1	6	电凝线		1

▶▶ **适用手术** ◀◀

1. 经颅内镜第三脑室底造瘘术。
2. 经颅内镜透明隔造瘘术。
3. 经脑室镜胶样囊肿切除术。
4. 经颅内镜脑室粘连隔膜造瘘术。
5. 经颅内镜脑室脉络丛烧灼术。
6. 经颅内镜脑内异物摘除术。
7. 经颅内镜脑内囊肿造口术。

§2.2.21　齐柏林脑室镜操作器械

▶▶ **组合图谱及明细** ◀◀

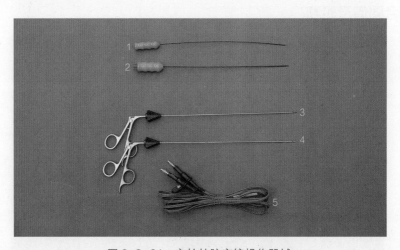

图 2-2-21　齐柏林脑室镜操作器械

序　号	名　称	基　数
1~2	电凝	2
3~4	操作钳	2
5	电凝线	1

▶▶ **适用手术** ◀◀

1. 经颅内镜第三脑室底造瘘术。
2. 经颅内镜透明隔造瘘术。
3. 经脑室镜胶样囊肿切除术。
4. 经颅内镜脑室粘连隔膜造瘘术。
5. 经颅内镜脑室脉络丛烧灼术。
6. 经颅内镜脑内异物摘除术。
7. 经颅内镜脑内囊肿造口术。

§2.2.22　蛇牌脑牵开器械

▶▶ **组合图谱及明细** ◀◀

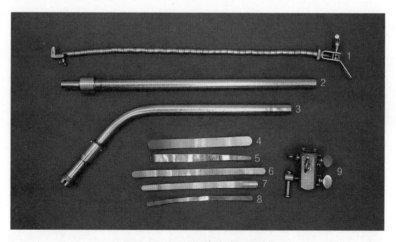

图 2-2-22　蛇牌脑牵开器械

序　号	名　称	规　格	基　数
1	蛇形拉钩	1	1
2～3	支撑杆	2	1
4～8	脑压板	5	2
9	长方形接头	1	2

适用手术

1. 颅底肿瘤切除术。
2. 脑干肿瘤切除术。
3. 桥小脑角肿瘤切除术。
4. 幕上深部病变切除术。
5. 海绵窦区肿瘤切除术。
6. 脑动脉瘤动静脉畸形切除术。
7. 丘脑肿瘤切除术。
8. 松果体区肿瘤切除术。
9. 脑功能区占位病变切除术。
10. 鞍区占位病变切除术。

§2.2.23 INTERGRA 脑牵开器械

组合图谱及明细

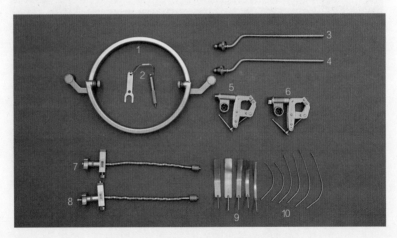

图 2-2-23 INTERGRA 脑牵开器械

序号	名称	基数	序号	名称	基数
1	头圈	1	3~4	支撑杆	2
2	调节扳手	1	5~6	连接器	2

续表

序号	名称	基数	序号	名称	基数
7~8	蛇形拉钩	2	10	显微脑压板	6
9	常规脑压板	5			

▶▶ 适用手术 ◀◀

1. 颅底肿瘤切除术。
2. 脑干肿瘤切除术。
3. 桥小脑角肿瘤切除术。
4. 幕上深部病变切除术。
5. 海绵窦区肿瘤切除术。
6. 脑动脉瘤动静脉畸形切除术。
7. 丘脑肿瘤切除术。
8. 松果体区肿瘤切除术。
9. 脑功能区占位病变切除术。
10. 鞍区占位病变切除术。

§2.2.24　经鼻蝶颅内镜手术基础器械

▶▶ 组合图谱及明细 ◀◀

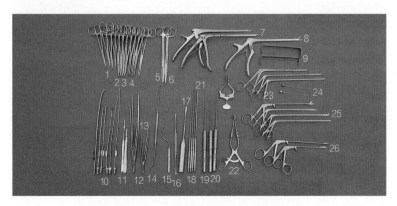

图 2-2-24　经鼻蝶颅内镜手术基础器械

序号	名称	规格	基数	序号	名称	规格	基数
1	弯钳	14 cm	4	12	枪状镊	20 cm	2
2	弯钳	16 cm	2	13	有齿镊	12.5 cm	2
3	有齿止血钳	16 cm	2	14～17	剥离子	18/20 cm	4
4	组织钳	18 cm	4	18	刮圈	20 cm	4
5	线剪	18 cm	1	19	钩刀	18 cm	1
6	薄剪	20 cm	1	20	显微刮勺	20 cm	2
7	椎板咬骨钳	上/下开口	各1	21～22	乳突拉钩	大/小	各1
8	髓核钳	直头	1	23	取瘤钳	枪状	3
9	小甲钩		2	24	针头	9#	2
10	吸引器	18/20 cm	6	25	枪状剪刀		4
11	刀柄	4#/7#	各1	26	反咬钳	上/下开口	各1

▶▶ 适用手术 ◀◀

1. 经颅内镜经鼻蝶垂体肿瘤切除术。

2. 经颅内镜经鼻蝶颅咽管瘤切除术。

3. 经颅内镜经鼻蝶蝶骨嵴脑膜瘤切除术。

4. 经鼻脑脊液漏修补术。

5. 鼻内额窦开放手术。

6. 鼻窦异物取出术。

7. 经前颅窝鼻窦肿物切除术。

8. 经鼻内镜脑膜修补术。

9. 经鼻视神经减压术。

§2.2.25　STORZ 颅内镜固定支架

▶▶ **组合图谱及明细** ◀◀

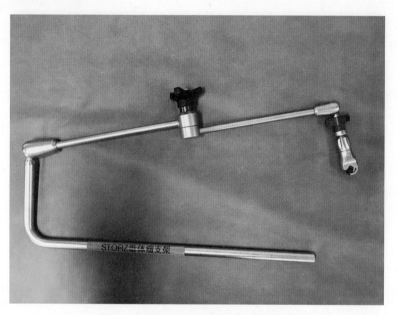

图 2-2-25　STORZ 颅内镜固定支架

序　号	名　　称	基　数
1	STORZ颅内镜固定支架	1

▶▶ **适用手术** ◀◀

1. 经颅内镜经鼻蝶垂体肿瘤切除术。

2. 颅底肿瘤切除术（鞍结节脑膜瘤、侵袭性垂体瘤、脊索瘤）。

3. 脑脊液漏修补术。

§2.2.26　颅内镜手术吸引器1号

▶▶ **组合图谱及明细** ◀◀

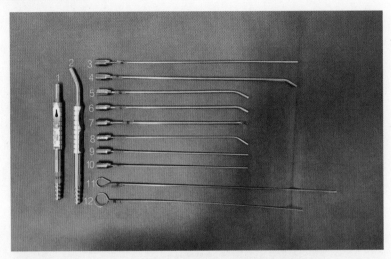

图2-2-26　颅内镜手术吸引器1号

序　号	名　　称	基　数
1~2	吸引器接头	2
3~10	吸引器管	8
11~12	通条	2

▶▶ **适用手术** ◀◀

1. 经颅内镜经鼻蝶垂体肿瘤切除术。
2. 颅底肿瘤切除术（鞍结节脑膜瘤、侵袭性垂体瘤、脊索瘤）。
3. 脑脊液漏修补术。

§2.2.27　颅内镜手术吸引器 2 号

▶▶ **组合图谱及明细** ◀◀

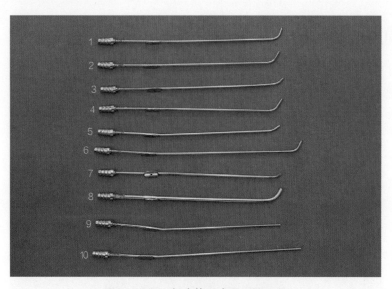

图 2-2-27　颅内镜手术吸引器 2 号

序　号	名　称	基　数
1~8	弯头吸引器	8
9~10	直头吸引器	2

▶▶ **适用手术** ◀◀

1. 经颅内镜经鼻蝶垂体肿瘤切除术。
2. 经颅内镜经鼻蝶颅咽管瘤切除术。
3. 经颅内镜经鼻蝶蝶骨嵴脑膜瘤切除术。
4. 经鼻脑脊液漏修补术。
5. 鼻内额窦开放手术。
6. 鼻窦异物取出术。
7. 经前颅窝鼻窦肿物切除术。
8. 经鼻内镜脑膜修补术。

9. 经鼻视神经减压术。

§2.2.28　脊柱内镜专用器械 1 号

▶▶ 组合图谱及明细 ◀◀

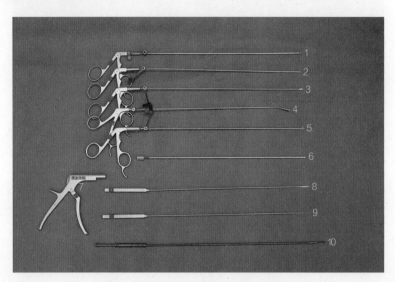

图 2-2-28　脊柱内镜专用器械 1 号

序号	名称	规格	基数	序号	名称	规格	基数
1	髓核钳	大直	1	6	镜下环钻		1
2	髓核钳	小直	1	7	黑金手柄		1
3	髓核钳	向上45°	1	8	神经拉钩		1
4	蛇形钳		1	9	神经探子		1
5	篮钳		1	10	黑金咬骨钳		1

▶▶ 适用手术 ◀◀

椎间孔镜下腰椎间盘髓核摘除术。

§2.2.29　脊柱内镜专用器械2号

▶▶ 组合图谱及明细 ◀◀

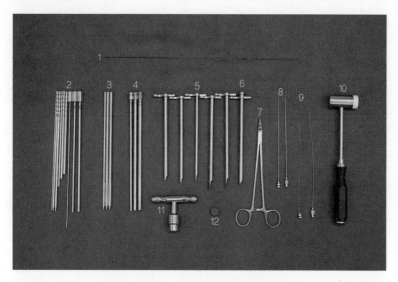

图2-2-29　脊柱内镜专用器械2号

序号	名称	规格	基数	序号	名称	规格	基数
1	导丝		1	7	夹持钳	金	1
2	逐级扩张管		9	8	针及芯	18G	2
3	双通道		3	9	针及芯	22G	2
4	环锯	1~3级	3	10	金属锤		1
5	保护套	长3短2	5	11	环锯手柄		1
6	工作套管		1	12	防水帽	蓝	1

▶▶ 适用手术 ◀◀

椎间孔镜下腰椎间盘髓核摘除术。

§2.2.30 大通道椎间孔镜器械

▶▶ **组合图谱及明细** ◀◀

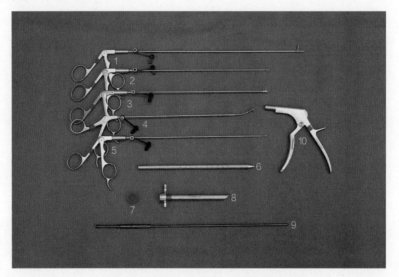

图 2-2-30 大通道椎间孔镜器械

序号	名称	规格	基数	序号	名称	规格	基数
1	大抓钳		1	6	双通道		1
2	髓核钳	直	1	7	蓝色帽		1
3	髓核钳	向上45°	1	8	工作套管		1
4	蛇形钳		1	9	黑金咬骨钳		1
5	篮钳		1	10	黑金手柄		1

▶▶ **适用手术** ◀◀

椎间孔镜下腰椎间盘髓核摘除术。

§2.2.31　颈椎前路撑开器械

▶▶ **组合图谱及明细** ◀◀

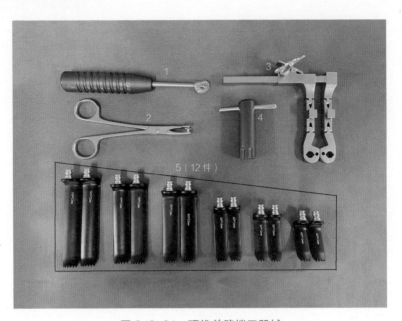

图 2-2-31　颈椎前路撑开器械

序号	名称	规格	基数	序号	名称	规格	基数
1	旋转螺丝刀		1	4	固定手柄		1
2	叶片持针器		1	5	撑开叶片		12
3	撑开器	弯	1				

▶▶ **适用手术** ◀◀

颈前路减压内固定术。

§2.2.32　美敦力导航基础器械

▶▶ **组合图谱及明细** ◀◀

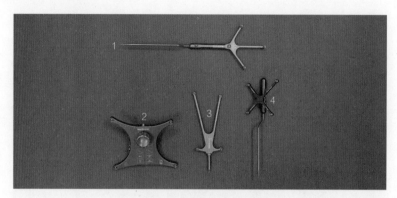

图 2-2-32　美敦力导航基础器械

序　号	名　称	基　数
1	活动探针	1
2	参照架	1
3～4	活动探针	2

▶▶ **适用手术** ◀◀

1. 颅底肿瘤切除术。
2. 脑干肿瘤切除术。
3. 丘脑肿瘤切除术。
4. 幕上深部病变切除术。
5. 海绵窦区肿瘤切除术。
6. 经颅内镜经鼻蝶垂体肿瘤切除术。
7. 脑功能区占位病变切除术。
8. 经颅内镜脑内异物摘除术。
9. 侧脑室-腹腔分流术。
10. 脑深部病变活检术。

〔钮敏红　陈　晖　雷红霞〕

§2.3　妇产科手术器械

§2.3.1　宫颈锥切曼式手术器械

▶▶ **组合图谱及明细** ◀◀

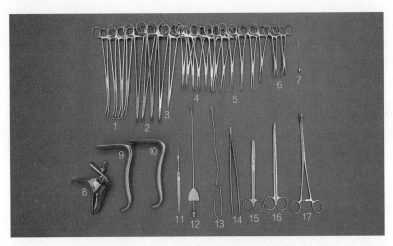

图 2-3-1　宫颈锥切曼式手术器械

序号	名称	规格	基数	序号	名称	规格	基数
1	弯宫颈钳	25 cm	4	9~10	上下叶拉钩		2
2	长弯钳	26 cm	4	11	刀柄	7#	1
3	持针器	24 cm	1	12	金属导尿管	16#	1
4	弯钳	18 cm	6	13	子宫探针	27 cm	1
5	组织钳	18 cm	6	14	长无齿镊	24 cm	1
6	布巾钳	14 cm	2	15	线剪	18 cm	1
7	长针头	9#	1	16	薄剪	22 cm	1
8	窥阴器		1	17	有齿卵圆钳	26 cm	1

▶▶ **适用手术** ◀◀

1. 阴式全子宫切除术＋阴道前后壁修补术。

2. 孕期子宫内口缝合术。

3. 宫颈锥形切除术。

4. 阴道裂伤缝合术。

5. 阴道良性肿物切除术。

6. 阴道壁血肿切开术。

7. 前庭大腺囊肿切除术。

8. 处女膜切开术。

§2.3.2 宫腔镜电切手术器械

▶▶ **组合图谱及明细** ◀◀

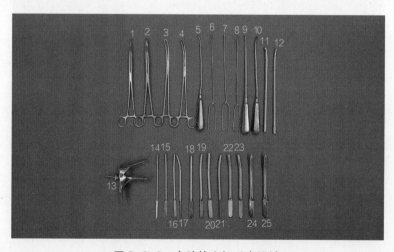

图 2-3-2 宫腔镜电切手术器械

序号	名称	规格	基数	序号	名称	规格	基数
1	小头有齿卵圆钳	26 cm	1	8	子宫探针	27 cm	1
2	大头有齿卵圆钳	26 cm	1	9～10	中号刮匙	27 cm	2
3～4	宫颈钳	25 cm	2	11	人流吸管	7#	1
5	小头刮匙	27 cm	1	12	人流吸管	6#	1
6	取环钩	27 cm	1	13	窥阴器		1
7	上环叉	27 cm	1	14～25	宫颈阔张条	4.5#～10#	12

▶▶ 适用手术 ◀◀

1. 经宫腔镜子宫纵隔切除术。
2. 经宫腔镜子宫肌瘤切除术。
3. 经宫腔镜子宫内膜剥离术。
4. 经宫腔镜残留胎盘组织电切术。
5. 宫腔镜下人工流产术。
6. 子宫内膜息肉电切除术。

§2.3.3 宫腔镜检查手术器械

▶▶ 组合图谱及明细 ◀◀

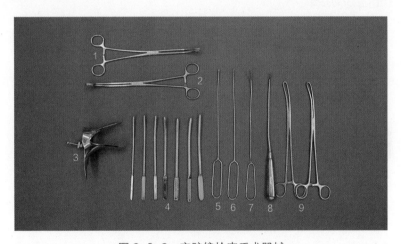

图 2-3-3 宫腔镜检查手术器械

序号	名称	规格	基数	序号	名称	规格	基数
1	小头有齿卵圆钳	26 cm	1	6	取环钩	27 cm	1
2	大头有齿卵圆钳	26 cm	1	7	子宫探针	27 cm	1
3	窥阴器		1	8	刮匙	6#	1
4	宫颈扩张条	4.5#~7.5#	7	9	宫颈钳	25 cm	2
5	上环叉	27 cm	1				

适用手术

1. 宫腔镜检查术。
2. 经宫腔镜取环术。
3. 经宫腔镜宫腔内异物取出术。
4. 经宫腔镜输卵管插管术。
5. 经宫腔镜宫腔粘连分离术。
6. 宫内节育环放置术。
7. 宫颈息肉摘除术。

§2.3.4　经腹子宫及附件大手术专用器械

组合图谱及明细

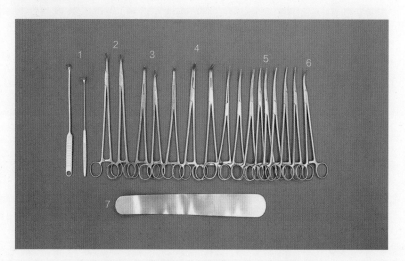

图 2-3-4　经腹子宫及附件大手术专用器械

序号	名称	规格	基数	序号	名称	规格	基数
1	肾窦拉钩		2	5	弯钳	22 cm	8
2	弯钳	26 cm	2	6	直角钳	22 cm	1
3	弯钳	22 cm	2	7	压肠板		1
4	支气管钳	22 cm	3				

▶▶ 适用手术 ◀◀

1. 腹式宫颈癌手术。
2. 腹式卵巢癌根治手术。
3. 腹式子宫内膜癌手术。
4. 阴道癌联合腹式手术。

§2.3.5　腹腔镜子宫切除专用器械

▶▶ 组合图谱及明细 ◀◀

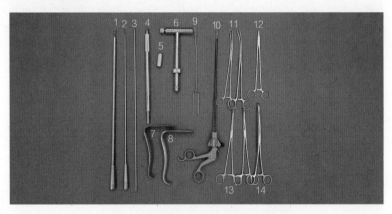

图 2-3-5　腹腔镜子宫切除专用器械

序号	名称	规格	基数	序号	名称	规格	基数
1	大肌瘤钻		1	10	输卵管钳		1
2	小肌瘤钻		1	11	宫颈钳	25 cm	2
3～6	举宫器套件		4	12	持针器	24 cm	1
7～8	宫颈拉钩		2	13	弯钳	24 cm	2
9	子宫探针	27 cm	1	14	有齿卵圆钳	26 cm	1

▶▶ 适用手术 ◀◀

1. 腹腔镜下广泛性子宫切除术 + 盆腔淋巴结清扫术。

2. 腹腔镜下全子宫 + 双附件切除术。

3. 腹腔镜下全子宫切除术。

§2.3.6　剖宫产手术器械

▶▶ **组合图谱及明细** ◀◀

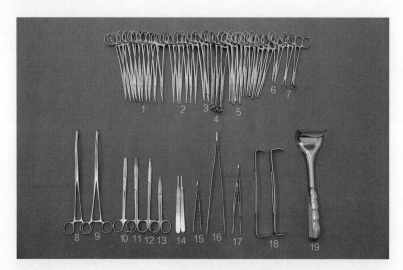

图 2-3-6　剖宫产手术器械

序号	名称	规格	基数	序号	名称	规格	基数
1	弯钳	18 cm	10	11	组织剪	18 cm	1
2	直钳	18 cm	6	12	薄剪	18 cm	1
3	持针器	18 cm	2	13	组织剪	14 cm	1
4	剖宫产切口钳	20 cm	3	14	刀柄	4#	2
5	组织钳	18 cm	10	15	无齿镊	12.5 cm	1
6	蚊氏钳	12.5 cm	2	16	长无齿镊	24 cm	1
7	布巾钳	14 cm	2	17	有齿镊	12.5 cm	2
8	有齿卵圆钳	26 cm	1	18	甲状腺拉钩		2
9	无齿卵圆钳	26 cm	1	19	膀胱拉钩		1
10	线剪	18 cm	1				

▶▶ **适用手术** ◀◀

1. 剖宫产手术。
2. 二次剖宫产术。

〔谢小华　于　从　卢梅芳〕

§2.4　骨科手术器械

§2.4.1　手足外科手术基础器械

▶▶ **组合图谱及明细** ◀◀

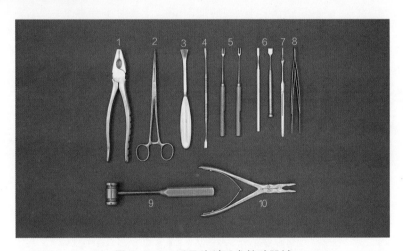

图 2-4-1　手足外科手术基础器械

序号	名称	规格	基数	序号	名称	规格	基数
1	老虎钳	虎头	1	7	刀柄	7#	1
2	有齿止血钳	22 cm	1	8	整形镊	12.5 cm	2
3~4	骨膜剥离子	宽/窄	各1	9	骨锤	270g	1
5	小双钩		2	10	小咬骨钳	双关节	1
6	骨刀	宽/窄	各1				

▶▶ **适用手术** ◀◀

1. 手部掌指骨骨折切开复位内固定术。

2. 桡尺骨干骨折切开复位内固定术。

3. 尺骨鹰嘴骨折切开复位内固定术。

4. 桡骨头骨折切开复位内固定术。

5. 桡骨远端骨折切开复位内固定术。

6. 足部骨折切开复位内固定术。

7. 周围神经卡压松解术。

8. 前臂神经探查松解术。

9. 手部血管、神经、肌腱探查术。

10. 肌腱粘连松解术。

11. 屈伸指肌腱吻合术。

§2.4.2 上肢手术基础器械

▶▶ **组合图谱及明细** ◀◀

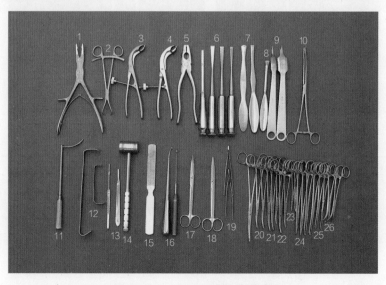

图 2-4-2 上肢手术基础器械

续表

序号	名称	规格	基数	序号	名称	规格	基数
1	咬骨钳	双关节	1	15	骨挫	27 cm	1
2	大巾钳	18 cm	1	16	刮勺	大/小	各1
3~4	持骨钳	侧开口	2	17	薄剪	18 cm	1
5	老虎钳	虎头	1	18	线剪	18 cm	1
6	骨刀	大/中/小	4	19	有齿镊	12.5 cm	2
7~8	骨膜剥离子	大/中/小	各1	20	有齿止血钳	22 cm	2
9	髋臼拉钩		2	21	弯钳	18 cm	4
10	卵圆钳	26 cm/有齿	1	22	弯钳	16 cm	2
11	钢丝导入器		1	23	蚊氏钳	14 cm	2
12	甲状腺拉钩	大/小	各1	24	持针器	18 cm	2
13	刀柄	4#/7#	各1	25	组织钳	18 cm	4
14	骨锤	270g	1	26	布巾钳	14 cm	2

▶▶ 适用手术 ◀◀

1. 锁骨骨折切开复位内固定术。
2. 肩锁关节脱位切开复位内固定术。
3. 肩胛骨骨折切开复位内固定术。
4. 肱骨近端骨折切开复位内固定术。
5. 肱骨髁上、髁间骨折切开复位内固定术。
6. 肱骨小头骨折切开复位内固定术。
7. 髌骨骨折切开复位内固定术。
8. 胫骨髁间骨折切开复位内固定术。
9. 胫骨平台骨折切开复位内固定术。
10. 腓骨骨折切开复位内固定术。
11. 内外踝骨折切开复位内固定术。
12. 三踝骨折切开复位内固定术。
13. 四肢骨搬运手术。

§2.4.3 下肢手术基础器械

▶▶ 组合图谱及明细 ◀◀

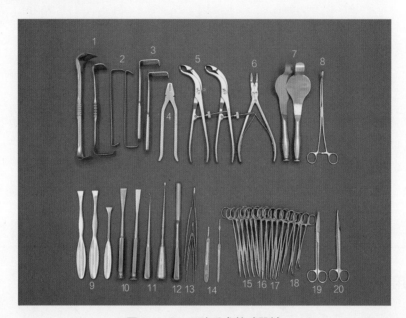

图 2-4-3 下肢手术基础器械

序号	名称	规格	基数	序号	名称	规格	基数
1	腹腔拉钩		2	12	骨锉	27 cm	1
2	甲状腺拉钩		2	13	无齿镊	20 cm	1
3	爬钩		2		有齿镊	12.5 cm	2
4	老虎钳	虎头	1	14	刀柄	4#/7#	各1
5	持骨钳	侧开口	2	15	弯钳	18 cm	5
6	咬骨钳	双关节	1	16	持针器	18 cm	2
7	骨翘板		2	17	组织钳	18 cm	5
8	卵圆钳	26 cm	1	18	布巾钳	12.5 cm	2
9	骨膜剥离子	大/中/小	各1	19	组织剪	18 cm	1
10	骨刀	大/小	2	20	线剪	18 cm	1
11	刮勺	大/小	2				

▶▶ 适用手术 ◀◀

1. 股骨干骨折切开复位内固定术。
2. 股骨粗隆下骨折切开复位内固定术。
3. 股骨髁间骨折切开复位内固定术。
4. 股骨干骨折畸形愈合截骨内固定术。

§2.4.4 关节置换手术基础器械

▶▶ 组合图谱及明细 ◀◀

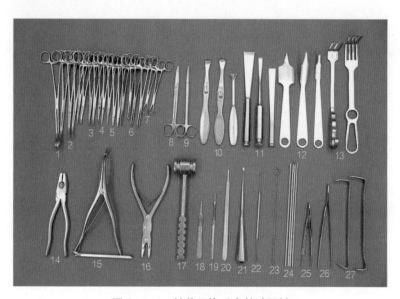

图 2-4-4 关节置换手术基础器械

序号	名称	规格	基数	序号	名称	规格	基数
1	卵圆钳	26 cm	2	6	组织钳	18 cm	4
2	有齿止血钳	24 cm	2	7	布巾钳	14 cm	2
3	弯钳	18 cm	5	8	线剪	18 cm	1
4	直钳	18 cm	2	9	薄剪	18 cm	1
5	持针器	18 cm	2	10	骨膜剥离子	大/中/小	各1

续表

序号	名称	规格	基数	序号	名称	规格	基数
11	骨刀	大/中/小	各1	20	长刀柄	4#	1
12	髋臼拉钩		3	21	刮勺		1
13	爬钩		2	22	神经剥离子		1
14	老虎钳	虎头	1	23	粗通条		1
15	椎体撑开器		1	24	克氏针	4.5 mm	4
16	咬骨钳	双关节	1	25	有齿镊	12.5 cm	2
17	骨锤	270g	1	26	长有齿镊	24 cm	1
18	刀柄	4#	1	27	甲状腺拉钩		2
19	刀柄	7#	1				

▶▶ 适用手术 ◀◀

1. 人工全髋关节置换术。

2. 人工股骨头置换术。

3. 人工全膝关节置换术。

4. 肩关节置换术。

5. 人工肱骨头置换术。

6. 肘关节置换术。

7. 人工关节翻修手术。

8. 骨盆骨折切开复位内固定术。

9. 髋臼骨折切开复位内固定术。

§2.4.5 股骨内旋切刀

▶▶ **组合图谱及明细** ◀◀

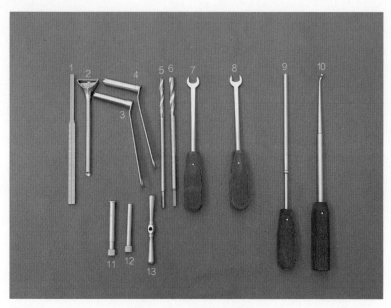

图2-4-5 股骨内旋切刀

名 称	基 数
股骨内旋切刀器械	13

▶▶ **适用手术** ◀◀

股骨头钻孔术。

§2.4.6 植骨漏斗

▶▶ 组合图谱及明细 ◀◀

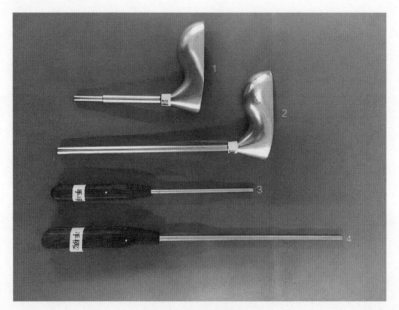

图 2-4-6 植骨漏斗

序 号	名 称	规 格	基 数
1~2	漏斗	长/短	各1
3~4	手柄	长/短	各1

▶▶ 适用手术 ◀◀

腰椎后路植骨融合术。

§2.4.7　髋臼拉钩

▶▶ **组合图谱及明细** ◀◀

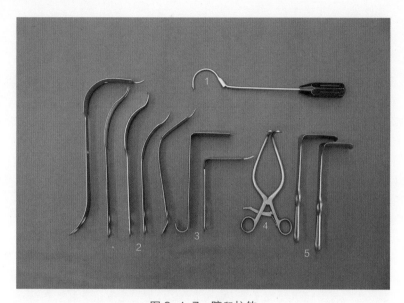

图 2-4-7　髋臼拉钩

序号	名称	规格	基数	序号	名称	规格	基数
1	钢丝导入器		1	4	羊角钩		2
2	髋臼拉钩	5种规格	5	5	大拉钩		2
3	椎板拉钩	大 / 小	各1				

▶▶ **适用手术** ◀◀

前路髋关节置换术。

§2.4.8 骨科取钉器械

▶▶ **组合图谱及明细** ◀◀

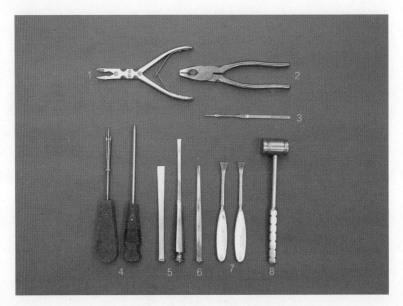

图 2-4-8　骨科取钉器械

序号	名称	规格	基数	序号	名称	规格	基数
1	咬骨钳	双关节	1	5	骨刀	刃1.0/2.0 cm宽	各1
2	老虎钳	虎头	1	6	骨凿	带凹槽	1
3	刀柄	7#	1	7	骨膜剥离子	22 cm	2
4	螺丝起子（内六角）	2.5/3.5 mm	各1	8	骨锤	270g	1

▶▶ **适用手术** ◀◀

各类骨折内固定装置取出术。

§2.4.9 髓内钉取出器械

▶▶ 组合图谱及明细 ◀◀

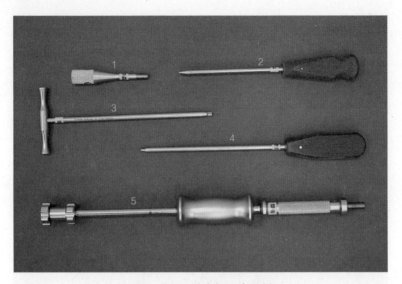

图 2-4-9 髓内钉取出器械

名　称	基　数
髓内钉取出器械	5

▶▶ 适用手术 ◀◀

各类髓内钉取出术。

§2.4.10　创伤骨科专用器械

▶▶ 组合图谱及明细 ◀◀

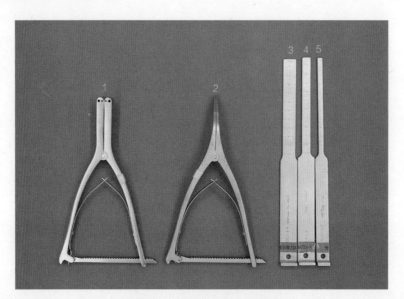

图 2-4-10　创伤骨科专用器械

序　号	名　称	规　格	基　数
1～2	撑开器	24/26 cm	各1
3～5	骨刀	大/中/小	各1

▶▶ 适用手术 ◀◀

1. 髂骨取骨术。
2. 胫骨截骨术。
3. 骨搬运手术。

§2.4.11　骨肿瘤手术基础器械

▶▶ 组合图谱及明细 ◀◀

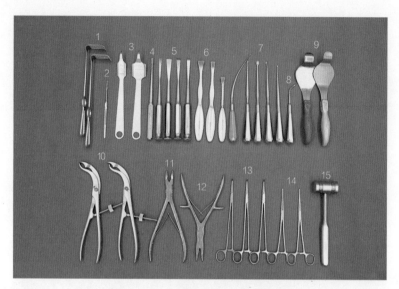

图 2-4-11　骨肿瘤手术基础器械

序号	名称	规格	基数	序号	名称	规格	基数
1	爬钩		2	9	骨翘板		2
2	刀柄	7#	1	10	持骨钳	侧开口	2
3	髋臼拉钩	大/小	各1	11	咬骨钳	双关节	1
4	骨凿	带凹槽	1	12	咬骨钳	直角	1
5	骨刀	各种型号	4	13	直角钳	大/中/小	各1
6	骨膜剥离子	大/中/小	各1	14	有齿止血钳	弯/直	各1
7	刮勺		5	15	骨锤	270g	1
8	右弯刮勺		1				

▶▶ 适用手术 ◀◀

各类骨肿瘤切（刮）除重建手术。

§2.4.12　骨盆截骨器械

▶▶ **组合图谱及明细** ◀◀

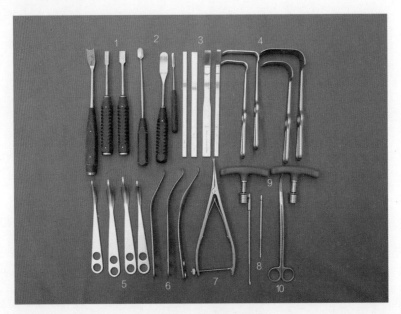

图 2-4-12　骨盆截骨器械

序号	名称	规格	基数	序号	名称	规格	基数
1	木柄骨凿		3	6	骨钩		3
2	木柄骨剥		3	7	撑开钳		1
3	银骨凿	大/中/小	4	8	螺丝刀头		2
4	拉钩		4	9	手柄	蓝	2
5	骨翘		4	10	韧带剪	24 cm	1

▶▶ **适用手术** ◀◀

髋臼周围截骨术。

§2.4.13　骨肿瘤骨盆手术专用器械

▶▶ **组合图谱及明细** ◀◀

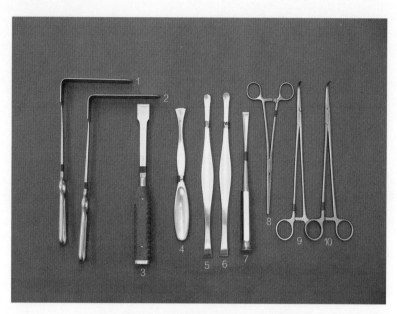

图 2-4-13　骨肿瘤骨盆手术专用器械

序号	名称	规格	基数	序号	名称	规格	基数
1～2	拉钩	直角	2	7	骨刀	1.2 cm	1
3	骨刀	2 cm	1	8	有齿止血钳	22 cm	1
4	骨膜剥离子	1.2 cm	1	9～10	直角钳	26 cm	2
5～6	骨膜剥离子	双头	2				

▶▶ **适用手术** ◀◀

各类骨盆肿瘤手术。

§2.4.14　骨肿瘤关节手术专用器械

▶▶ **组合图谱及明细** ◀◀

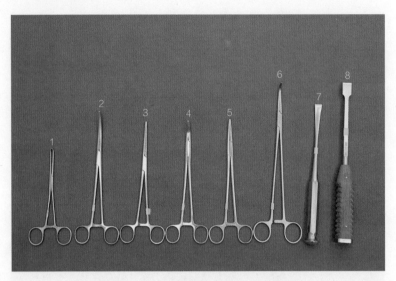

图 2-4-14　骨肿瘤关节手术专用器械

序号	名称	规格	基数	序号	名称	规格	基数
1	组织钳	18 cm	1	5	半月板钳	（直）	1
2	有齿止血钳	22 cm（弯）	1	6	直角钳	26 cm	1
3	有齿止血钳	22 cm（直）	1	7	骨刀	1.5 cm	1
4	半月板钳	（弯）	1	8	骨刀	弧形	1

▶▶ **适用手术** ◀◀

膝关节肿瘤切除术。

§2.4.15　骨科导航下肢固定架

▶▶ 组合图谱及明细 ◀◀

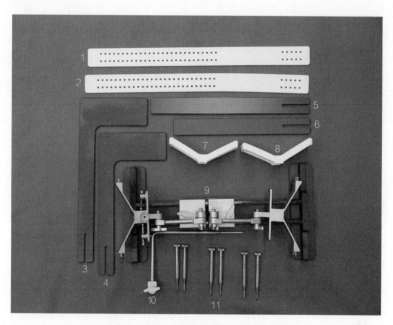

图 2-4-15　骨科导航下肢固定架

序号	名称	基数	序号	名称	基数
1~2	绑带	2	9	足踝体位固定架	1
3~4	前掌支撑板	2	10	跟踪器转向架	1
5~6	根骨支撑板	2	11	三尖套筒	6
7~8	硅胶套	2			

▶▶ 适用手术 ◀◀

机器人辅助下足部骨折内固定术。

§2.4.16　颈椎前路手术基础器械

▶▶ **组合图谱及明细** ◀◀

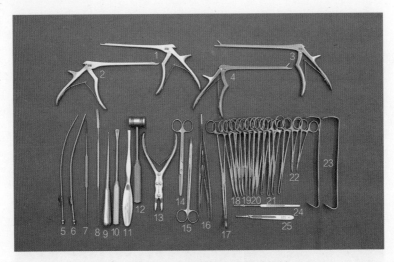

图 2-4-16　颈椎前路手术基础器械

序号	名称	规格	基数	序号	名称	规格	基数
1～2	椎板咬骨钳	大/小	各1	16	有齿镊	22 cm	1
3～4	直头髓核钳	大/小	各1		有齿镊	12.5 cm	2
5～6	铁头吸引器	大/小	各1	17	卵圆钳	26 cm	1
7～8	神经剥离子		2	18	弯钳	18 cm	4
9	带刻度刮勺		1	19	直钳	18 cm	2
10～11	骨膜剥离子		2	20	持针器	18 cm	2
12	小骨锤		1	21	组织钳	18 cm	4
13	小咬骨钳	双关节	1	22	蚊式钳	14 cm	2
14	线剪	18 cm	1	23	甲状腺拉钩		2
15	薄剪	18 cm	1	24～25	刀柄	4#/7#	各1

▶▶ **适用手术** ◀◀

1. 颈椎间盘切除术。

2. 颈椎间盘切除椎间植骨融合术。

3. 颈椎体次全切除植骨融合术。

4. 颈椎钩椎关节切除术。

5. 颈前路减压内固定术。

§2.4.17 脊柱外科颈椎前路专用器械

▶▶ 组合图谱及明细 ◀◀

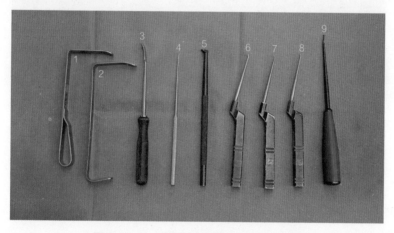

图 2-4-17 脊柱外科颈椎前路专用器械

序号	名称	基数	序号	名称	基数
1~2	拉钩	2	5	打入器	1
3	骨膜剥离子	1	6~8	刮勺	3
4	探钩	1	9	空心刮勺	1

▶▶ 适用手术 ◀◀

1. 颈椎间盘切除术。

2. 颈椎间盘切除椎间植骨融合术。

3. 颈椎体次全切除植骨融合术。

4. 颈椎钩椎关节切除术。

§2.4.18 脊柱外科颈椎牵开器 1 号

▶▶ **组合图谱及明细** ◀◀

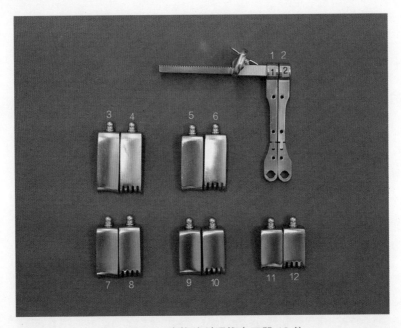

图 2-4-18 脊柱外科颈椎牵开器 12 件

序 号	名 称	基 数
1~2	牵开器	2
3~12	拉钩	10

▶▶ **适用手术** ◀◀

1. 颈椎间盘切除术。
2. 颈椎间盘切除椎间植骨融合术。
3. 颈椎体次全切除植骨融合术。
4. 颈椎钩椎关节切除术。

§2.4.19　脊柱外科颈椎牵开器 2 号

▶▶ **组合图谱及明细** ◀◀

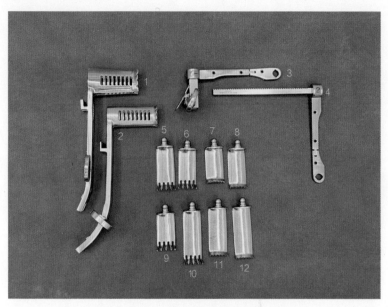

图 2-4-19　脊柱外科颈椎牵开器 2 号

名　称	基　数
脊柱外科颈椎牵开器2号器械	12

▶▶ **适用手术** ◀◀

1．颈椎间盘切除术。
2．颈椎间盘切除椎间植骨融合术。
3．颈椎体次全切除植骨融合术。
4．颈椎钩椎关节切除术。

§2.4.20 脊柱外科胸腰椎后路器械

▶▶ 组合图谱及明细 ◀◀

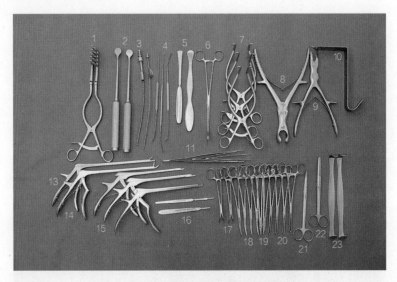

图 2-4-20 脊柱外科胸腰椎后路器械

序号	名称	规格	基数	序号	名称	规格	基数
1	椎板牵开器	4 cm	1	13	直头髓核钳	枪状	1
2	球拍剥离子	28 cm	2	14	弯头髓核钳	枪状	1
3	吸引器	26 cm	2	15	椎板咬骨钳	枪状	3
4	神经剥离子	24 cm	3	16	刀柄	4#/7#	各1
5	骨膜剥离子	1.2 cm	2	17	布巾钳	14 cm	2
6	卵圆钳	26 cm	1	18	弯钳	18 cm	4
7	羊角钩		3	19	持针器	18 cm	2
8	棘突咬骨钳	28 cm		20	组织钳	18 cm	4
9	咬骨钳	双关节	1	21	组织剪	18 cm	1
10	椎板拉钩	直角	1	22	线剪	18 cm	1
11	长有齿镊	22 cm	1	23	甲状腺拉钩		2
12	无齿镊	12.5 cm	2				

▶▶ 适用手术 ◀◀

1. 胸椎横突椎板植骨融合术。
2. 胸腰椎骨折切开复位内固定术。
3. 腰椎间盘突出摘除术。
4. 椎管扩大减压术。
5. 腰椎滑脱椎弓根螺钉内固定植骨融合术。
6. 脊柱滑脱复位内固定术。
7. 腰椎横突间融合术。
8. 脊柱侧弯矫正术。
9. 脊柱椎间融合器植入植骨融合术。
10. 脊柱内固定装置取出术。

§2.4.21 脊柱外科腰椎后路扩张系统

▶▶ 组合图谱及明细 ◀◀

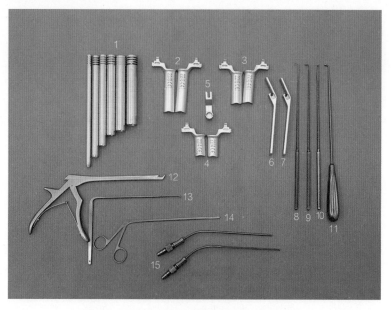

图 2-4-21 脊柱外科腰椎后路扩张系统

序号	名称	规格	基数	序号	名称	规格	基数
1	逐级扩张管	1～6级	6	10	剥离子	26 cm	1
2～4	撑开器	4/6/8#	6	11	刮勺	28 cm	1
5	撑开器手柄扣		1	12	椎板咬骨钳	2 mm	1
6～7	扳手		2	13	神经拉钩		1
8	探钩	26 cm	1	14	髓核钳	直头	1
9	神经探子	26 cm	1	15	吸引器		2

▶▶ **适用手术** ◀◀

1. 后路腰椎间盘镜椎间盘髓核摘除术（MED）。
2. 腰椎间盘突出摘除术。

§2.4.22　脊柱外科椎间盘镜自由臂

▶▶ **组合图谱及明细** ◀◀

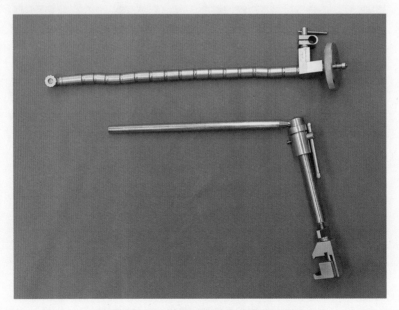

图 2-4-22　脊柱外科椎间盘镜自由臂

名　称	基　数
自由臂器械	2

▶▶ **适用手术** ◀◀

后路腰椎间盘镜椎间盘髓核摘除术（MED）。

§2.4.23　脊柱外科椎间孔镜器械

▶▶ **组合图谱及明细** ◀◀

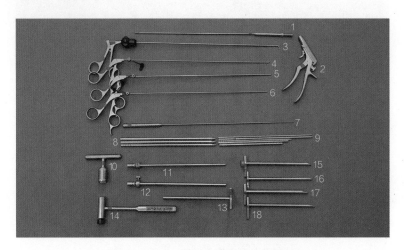

图 2-4-23　脊柱外科椎间孔镜器械

序号	名称	基数	序号	名称	基数
1	椎板咬骨钳	1	10	T型手柄	1
2	枪状手柄	1	11～12	带螺丝环锯	2
3～4	篮钳	2	13	十字手柄	1
5～6	髓核钳	2	14	骨锤	1
7	镜下神经钩	1	15	工作套管	1
8	铅笔状扩张管	3	16～18	环锯保护套	3
9	逐级扩张管	5			

▶▶ **适用手术** ◀◀

1. 后路腰椎间孔镜下椎间盘髓核摘除术。
2. 椎间盘等离子消融术。

§2.4.24 脊柱外科 4.3 mm 椎间孔镜器械

▶▶ **组合图谱及明细** ◀◀

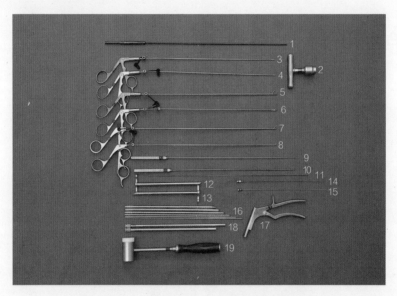

图 2-4-24 脊柱外科 4.3 mm 椎间孔镜器械

序号	名称	规格	基数	序号	名称	规格	基数
1	黑金咬骨钳		1	12	环锯保护套		1
2	T型手柄		1	13	工作套管	有蓝帽	1
3~7	髓核钳	枪状	5	14~15	定位针及针芯	1套	2件
8	篮钳	枪状	1	16	扩张管		6
9	钩状剥离器		1	17	枪状手柄		1
10	扁头剥离器		1	18	环锯		2
11	导丝		1	19	骨锤		1

适用手术 ◀◀

1. 后路腰椎间孔镜下椎间盘髓核摘除术。
2. 椎间盘等离子消融术。

§2.4.25　脊柱外科椎间孔镜大通道器械

组合图谱及明细 ◀◀

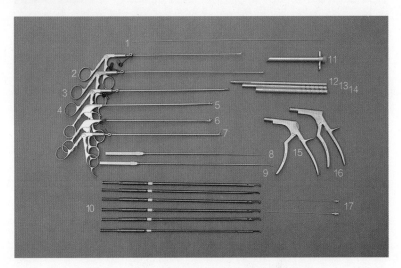

图 2-4-25　脊柱外科椎间孔镜大通道器械

序号	名称	规格	基数	序号	名称	规格	基数
1	导丝		1	11	工作通道		1
2～7	髓核钳	枪状银柄	6	12～14	扩张器		3
8	剥离子		1	15～16	咬骨钳手柄		2
9	神经钩		1	17	穿刺针及芯		2
10	椎板咬骨钳芯	黑色	6				

适用手术 ◀◀

1. 后路腰椎间孔镜下椎间盘髓核摘除术。

2. 椎间盘等离子消融术。

§2.4.26　脊柱外科 Joimax 椎间孔镜器械

▶▶ **组合图谱及明细** ◀◀

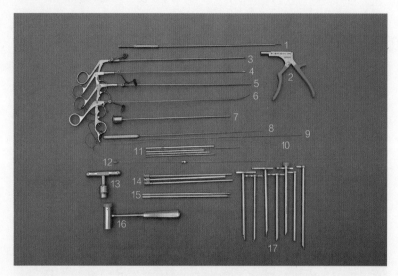

图 2-4-26　脊柱外科 Joimax 椎间孔镜器械

序号	名称	基数	序号	名称	基数
1	咬骨钳	1	11	逐级扩张管	5
2	咬骨钳手柄	1	12	穿刺针及针芯	2
3	篮钳	1	13	T型手柄	1
4~6	髓核钳	3	14	环锯	3
7	取骨器	1	15	铅笔头扩张管	2
8	神经拉钩	1	16	锤子	1
9~10	导丝	2	17	保护套管	7

▶▶ **适用手术** ◀◀

1. 后路腰椎间孔镜下椎间盘髓核摘除术。

2. 椎间盘等离子消融术。

§2.4.27 脊柱外科超声骨刀

▶▶ **组合图谱及明细** ◀◀

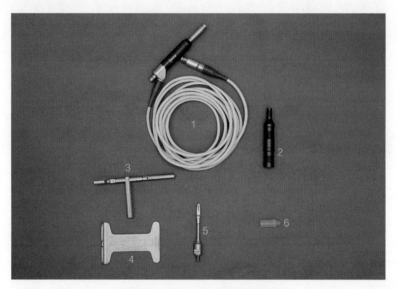

图 2-4-27 脊柱外科超声骨刀

序号	名称	规格	基数	序号	名称	规格	基数
1	手柄		1	4	扳手底座		1
2	黑手柄套帽		1	5	刀头		1
3	扳手		1	6	白刀头套帽		1

▶▶ **适用手术** ◀◀

1. 脊柱侧弯矫正术。
2. 脊柱半椎体切除术。
3. 椎管椎板成形术。

§2.4.28　脊柱外科椎管显微器械

▶▶ 组合图谱及明细 ◀◀

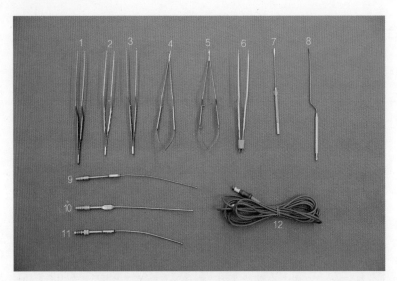

图 2-4-28　脊柱外科椎管显微器械

序号	名称	规格	基数	序号	名称	规格	基数
1	取瘤钳	小号	1	6	蛇牌双极镊		1
2	枪状镊	20 cm	1	7～8	剥离子		2
3	取瘤钳	大号	1	9～11	吸引器	22 cm	3
4	显微剪	弯	1	12	蛇牌双极线		1
5	显微剪	直	1				

▶▶ 适用手术 ◀◀

1. 胸椎椎板及附件肿瘤切除术。
2. 后路腰椎椎板及附件肿瘤切除术。

§2.4.29　脊柱外科机器人手术工具

▶▶ **组合图谱及明细** ◀◀

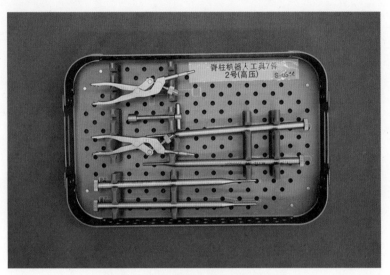

图 2-4-29　脊柱外科机器人手术工具

名　称	基　数
脊柱外科机器人手术工具	7

▶▶ **适用手术** ◀◀

脊柱侧弯矫正术。

§2.4.30　富乐腰椎取内固定器械

▶▶ **组合图谱及明细** ◀◀

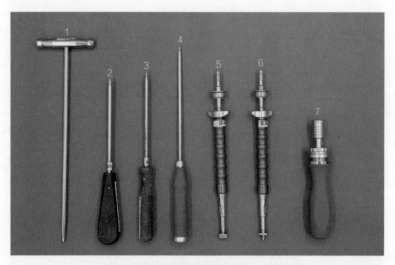

图 2-4-30　富乐腰椎取内固定器械

名　称	基　数
富乐腰椎取内固定器械	7

▶▶ **适用手术** ◀◀

脊柱内固定装置取出术。

§2.4.31 康辉腰椎取内固定器械

▶▶ 组合图谱及明细 ◀◀

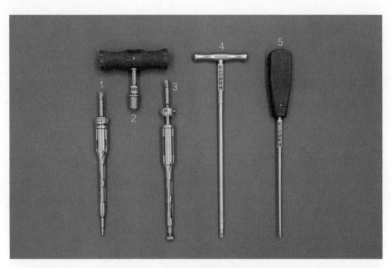

图 2-4-31 康辉腰椎取内固定器械

名　称	基　数
康辉腰椎取内固定器械	5

▶▶ 适用手术 ◀◀

脊柱内固定装置取出术。

§2.4.32 威高腰椎取内固定器械

▶▶ **组合图谱及明细** ◀◀

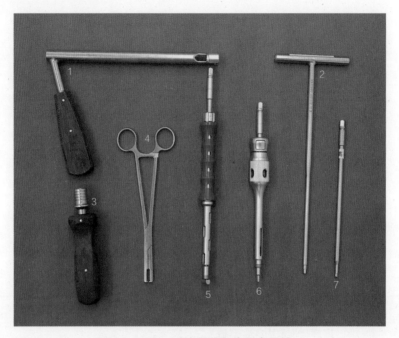

图 2-4-32　威高腰椎取内固定器械

序　号	名　称	基　数
1～7	威高腰椎取内固定器械	7

▶▶ **适用手术** ◀◀

脊柱内固定装置取出术。

§2.4.33 麦迪奥腰椎取内固定器械

▶▶ 组合图谱及明细 ◀◀

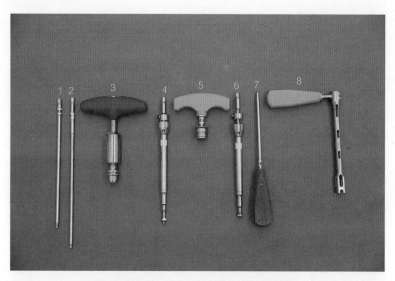

图 2-4-33 麦迪奥腰椎取内固定器械

名　　称	基　数
麦迪奥腰椎取内固定器械	8

▶▶ 适用手术 ◀◀

脊柱内固定装置取出术。

§2.4.34　捷迈腰椎取内固定器械

▶▶ **组合图谱及明细** ◀◀

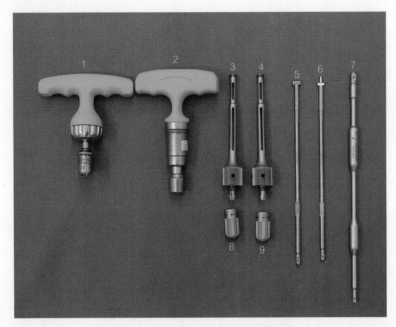

图 2-4-34　捷迈腰椎取内固定器械

名　称	基　数
捷迈腰椎取内固定器械	9

▶▶ **适用手术** ◀◀

脊柱内固定装置取出术。

§2.4.35　腕关节镜器械1号

▶▶ **组合图谱及明细** ◀◀

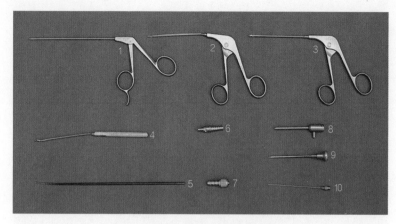

图2-4-35　腕关节镜器械1号

序号	名称	规格	基数	序号	名称	规格	基数
1~2	抓物钳	直	2	6~7	注水接头		2
3	篮钳	直	1	8~9	穿刺套管及芯		2
4	空心刮勺		1	10	针头	9#	1
5	探钩		1				

▶▶ **适用手术** ◀◀

1. 腕关节镜下腱鞘囊肿切除术。
2. 腕关节镜下滑膜切除术。
3. 腕关节镜下 TFCC 成形术。
4. 腕关节镜下软骨成形术。
5. 腕关节镜下舟骨骨折复位术。
6. 腕关节镜下桡骨远端骨折复位术。
7. 腕关节镜下关节骨软骨损伤修复术。

§2.4.36　腕关节镜器械 2 号

▶▶ **组合图谱及明细** ◀◀

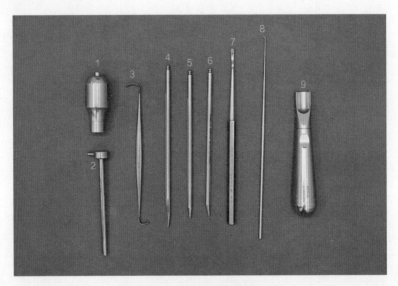

图 2-4-36　腕关节镜器械 2 号

序号	名称	基数	序号	名称	基数
1	避孔器手柄	1	4~7	钝性分离器	4
2	槽缝套管	1	8	探针	1
3	牵开器	1	9	掌压器	1

▶▶ **适用手术** ◀◀

腕关节镜下正中神经探查术。

§2.4.37　腕关节镜器械3号

▶▶ **组合图谱及明细** ◀◀

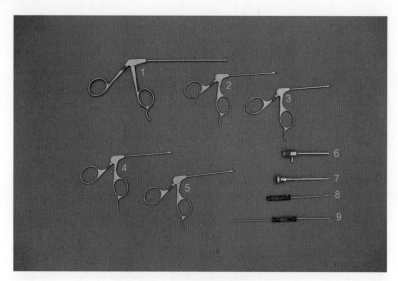

图 2-4-37　腕关节镜器械3号

序　号	名　称	基　数
1～5	枪状钳	5
6～9	操作器械	4

▶▶ **适用手术** ◀◀

1. 腕关节镜下腱鞘囊肿切除术。
2. 腕关节镜下滑膜切除术。
3. 腕关节镜下 TFCC 成形术。
4. 腕关节镜下软骨成形术。
5. 腕关节镜下舟骨骨折复位术。
6. 腕关节镜下桡骨远端骨折复位术。
7. 腕关节镜下关节软骨损伤修复术。

§2.4.38　腕关节镜正中神经松解器械

▶▶ **组合图谱及明细** ◀◀

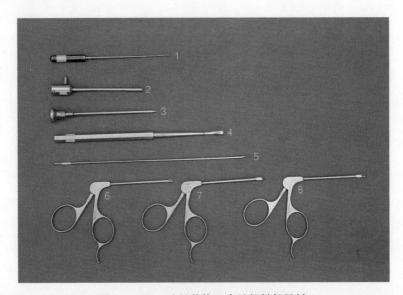

图 2-4-38　腕关节镜正中神经松解器械

序　号	名　称	基　数
1~5	操作器械	5
6~8	枪状钳	3

▶▶ **适用手术** ◀◀

1. 腕关节镜下腱鞘囊肿切除术。
2. 腕关节镜下滑膜切除术。
3. 腕关节镜下 TFCC 成形术。
4. 腕关节镜下软骨成形术。
5. 腕关节镜下舟骨骨折复位术。
6. 腕关节镜下桡骨远端骨折复位术。
7. 腕关节镜下关节软骨损伤修复术。

§2.4.39　腕关节支架1号

▶▶ **组合图谱及明细** ◀◀

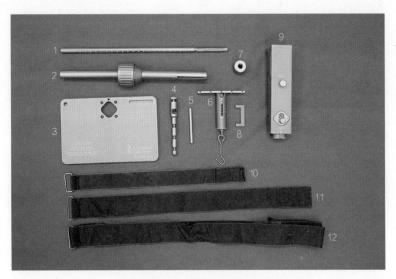

图 2-4-39　腕关节支架 1 号

序　号	名　称	基　数
1～9	器械	9
10～12	约束带	3

▶▶ **适用手术** ◀◀

1. 腕关节镜下腱鞘囊肿切除术。
2. 腕关节镜下滑膜切除术。
3. 腕关节镜下 TFCC 成形术。
4. 腕关节镜下软骨成形术。
5. 腕关节镜下舟骨骨折复位术。
6. 腕关节镜下桡骨远端骨折复位术。

§2.4.40 腕关节支架 2 号

▶▶ **组合图谱及明细** ◀◀

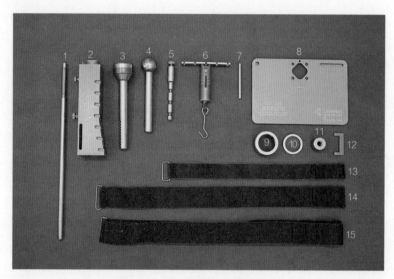

图 2-4-40 腕关节支架 2 号

序　号	名　称	基　数
1～12	器械	12
13～15	约束带	3

▶▶ **适用手术** ◀◀

1. 腕关节镜下腱鞘囊肿切除术。

2. 腕关节镜下滑膜切除术。

3. 腕关节镜下 TFCC 成形术。

4. 腕关节镜下软骨成形术。

5. 腕关节镜下舟骨骨折复位术。

6. 腕关节镜下桡骨远端骨折复位术。

§2.4.41 腕舟骨导航器械

▶▶ **组合图谱及明细** ◀◀

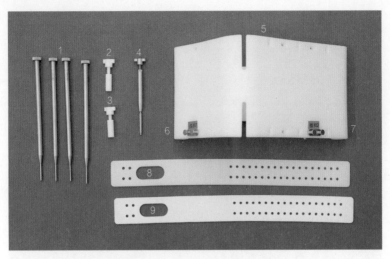

图2-4-41 腕舟骨导航器械

序号	名称	规格	基数	序号	名称	规格	基数
1	套筒	1.3/1.6	各2	5	支架		1
2~3	定位立柱及锁母	2套	4	6~7	绑带挂扣		2
4	跟踪器支杆		2	8~9	绑带		2

▶▶ **适用手术** ◀◀

机器人辅助下腕关节舟骨骨折复位内固定术。

199

§2.4.42 肘管手术器械

▶▶ **组合图谱及明细** ◀◀

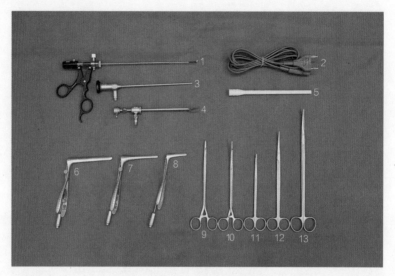

图 2-4-42 肘管手术器械

序号	名称	规格	基数	序号	名称	规格	基数
1	双极钳		1	8	鼻窥镜	小	1
2	双极导线		1	9	持棉钳	21 cm/直	1
3	30° 目镜	4 mm	1	10	持棉钳	21 cm/弯	1
4	关节镜鞘	远端压舌板	1	11	剪刀	18 cm	1
5	目镜套		1	12	剪刀	23 cm	1
6	鼻窥镜	大	1	13	剪刀	28 cm	1
7	鼻窥镜	中	1				

▶▶ **适用手术** ◀◀

腕关节镜下尺神经松解术。

§2.4.43　足踝牵引架

▶▶ **组合图谱及明细** ◀◀

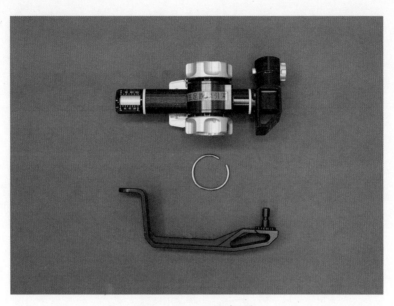

图 2-4-43　足踝牵引架

名　称	基　数
足踝牵引架	3

▶▶ **适用手术** ◀◀

1. 踝关节镜下踝关节融合手术。
2. 踝关节镜下软骨修复术。
3. 踝关节镜下清理术。
4. 踝关节镜下韧带修补术。
5. 踝关节稳定术。

§2.4.44 足踝专用器械 1 号

▶▶ 组合图谱及明细 ◀◀

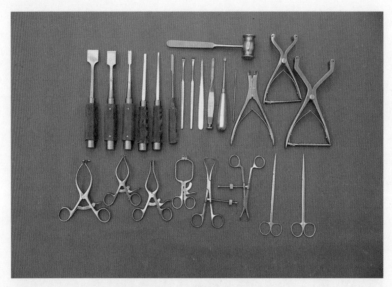

图 2-4-44 足踝专用器械 1 号

名　称	基　数
足踝专用器械1号	24

▶▶ 适用手术 ◀◀

1. 踇外翻矫形术。
2. 掌骨截骨矫形术。
3. 腕关节截骨术。
4. 跖跗截骨术。
5. 指（趾）骨截骨矫形术。
6. 踝关节截骨术。
7. 先天性马蹄内翻足松解术。

§2.4.45 足踝专用器械2号

▶▶ 组合图谱及明细 ◀◀

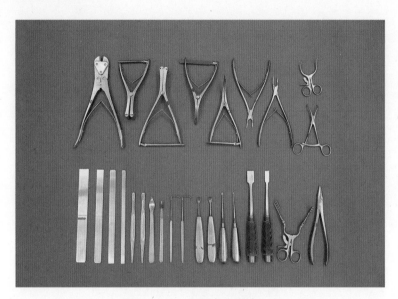

图2-4-45 足踝专用器械2号

名　称	规　格	基　数
足踝专用器械	蓝标	27

▶▶ 适用手术 ◀◀

1. 踇外翻矫形术。
2. 掌骨截骨矫形术。
3. 腕关节截骨术。
4. 跖跗截骨术。
5. 指(趾)骨截骨矫形术。
6. 踝关节截骨术。
7. 先天性马蹄内翻足松解术。

§2.4.46 足踝专用器械 3 号

▶▶ 组合图谱及明细 ◀◀

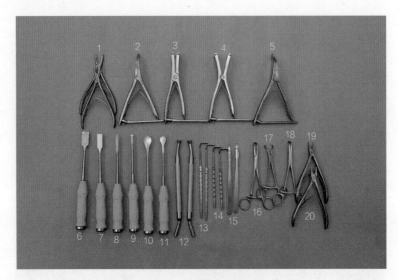

图 2-4-46 足踝专用器械 3 号

序号	名称	规格	基数	序号	名称	规格	基数
1	咬骨钳	弯/直	各1	12	钢板弯曲器		2
2~3	撑开钳		2	13~14	拉钩		4
4	压缩钳		1	15	骨撬		2
5	撑开钳		1	16~17	复位钳		2
6~9	骨凿		4	18	持板钳		1
10~11	骨剥		2	19~20	钢板折弯钳		2

▶▶ 适用手术 ◀◀

1. 踇外翻矫形术。
2. 掌骨截骨矫形术。
3. 腕关节截骨术。
4. 跖跗截骨术。

5. 指（趾）骨截骨矫形术。

6. 踝关节截骨术。

7. 先天性马蹄内翻足松解术。

§2.4.47 踝关节镜专用器械

▶▶ **组合图谱及明细** ◀◀

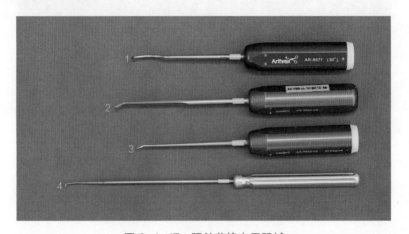

图2-4-47 踝关节镜专用器械

序　号	名　　称	基　数
1	骨锉	1
2~3	骨钩	2
4	探钩	1

▶▶ **适用手术** ◀◀

1. 踝关节镜下软骨修复术。

2. 踝关节镜下清理术。

3. 踝关节镜下韧带修补术。

4. 踝关节稳定术。

§2.4.48 手足外手术专用器械

▶▶ 组合图谱及明细 ◀◀

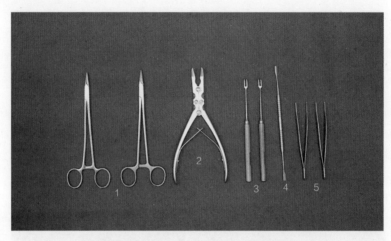

图 2-4-48 手足外手术专用器械

序号	名称	规格	基数	序号	名称	规格	基数
1	持针钳	18 cm	2	4	神经剥离子	双头	1
2	咬骨钳	双关节	1	5	有齿镊	14 cm	1
3	肌腱拉钩	双钩	2				

▶▶ 适用手术 ◀◀

1. 手外伤清创术。
2. 手外伤清创术 (手掌背)。
3. 手外伤清创术 (前臂)。
4. 足外伤清创术。
5. 足外伤清创术 (足背)。
6. 足外伤清创术 (小腿)。

§2.4.49　手外显微器械

▶▶ **组合图谱及明细** ◀◀

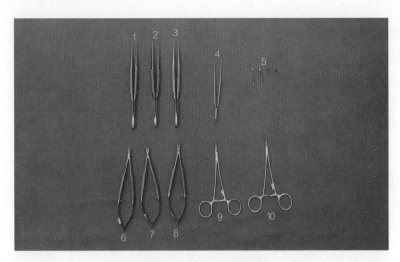

图 2-4-49　手外显微器械

序号	名称	规格	基数	序号	名称	规格	基数
1~3	圆柄显微镊	无齿	3	7	显微组织剪刀	绿柄	1
4	特殊有齿镊		1	8	显微持针器	绿柄	1
5	血管夹	金色	4	9~10	弯止血钳	12.5 cm	2
6	显微持针器	银柄	1				

▶▶ **适用手术** ◀◀

1. 神经吻合术。
2. 神经移植术。
3. 带血管蒂游离神经移植术。
4. 带血管蒂肌蒂骨骺移植术。
5. 拇指再造术。
6. 断指再植术。
7. 断趾再植术。

8．断肢再植术。

§2.4.50　断指再植显微器械

▶▶ **组合图谱及明细** ◀◀

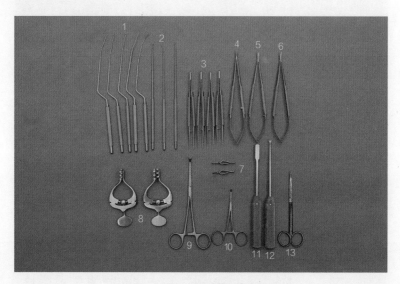

图 2-4-50　断指再植显微器械

序号	名称	规格	基数	序号	名称	规格	基数
1	显微刮匙	枪状	5	8	乳突拉钩	10.5 cm	2
2	显微剥离子		3	9	转流钳	18 cm	1
3	显微镊	直	4	10	无损伤钳	12 cm	1
4	显微持针器	16 cm	1	11	骨膜剥离子		1
5	显微剪	弯	1	12	刮匙	直头	1
6	显微剪	直	1	13	超锋利剪	18 cm	1
7	血管夹		2				

▶▶ **适用手术** ◀◀

1．神经吻合术。

2．神经移植术。

3．带血管蒂游离神经移植术。

4．带血管蒂肌蒂骨骺移植术。

5．拇指再造术。

6．断指再植术。

7．断趾再植术。

8．断肢再植术。

§2.4.51　断螺钉取出器械

▶▶ **组合图谱及明细** ◀◀

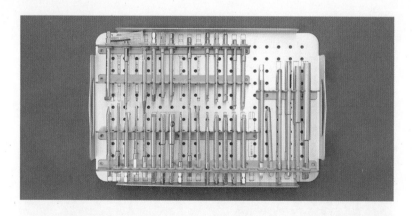

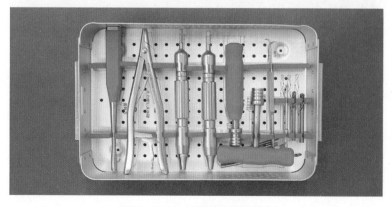

图 2-4-51　断螺钉取出器械

序　号	名　　称	基　数
第1层	螺丝刀头	34
第2层	工具	14

适用手术 ◀◀

各类骨折内固定断钉取出术。

§2.4.52　拇外翻动力系统

组合图谱及明细 ◀◀

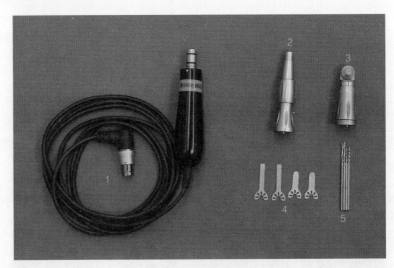

图 2-4-52　拇外翻动力系统

序　号	名　　称	基　数
1	手柄	1
2	附件	1
3	摆锯附件	1
4	摆锯片	4
5	钻头	4

▶▶ **适用手术** ◀◀

1. 踇外翻矫形术。
2. 掌骨截骨矫形术。
3. 腕关节截骨术。
4. 跖跗截骨术。
5. 指 (趾) 骨截骨矫形术。
6. 踝关节截骨术。

〔谢小华 陈 浩 陈友姣〕

§2.5 运动医学手术器械

§2.5.1 关节镜基础器械

▶▶ **组合图谱及明细** ◀◀

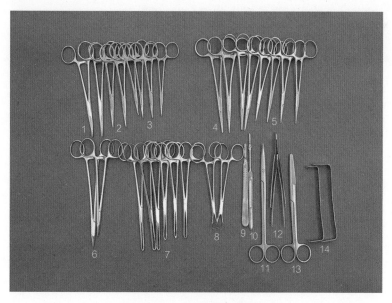

图 2-5-1 关节镜基础器械

序号	名称	规格	基数	序号	名称	规格	基数
1	弯钳	16 cm	2	8	布巾钳	14 cm	2
2	弯钳	14 cm	2	9	刀柄	4#	1
3	蚊式钳	12.5 cm	4	10	刀柄	7#	1
4	直钳	16 cm	4	11	薄剪	18 cm	1
5	直钳	14 cm	4	12	有齿镊	12.5 cm	2
6	持针器	18 cm	2	13	线剪	18 cm	1
7	组织钳	16/14 cm	6	14	小拉钩	12 cm	2

▶▶ 适用手术 ◀◀

1. 肩关节镜下肩袖修补术。
2. 膝关节镜下半月板缝合术。
3. 膝关节镜下半月板修补术。
4. 膝关节镜下陈旧性前十字韧带重建术。
5. 膝关节镜下陈旧性后十字韧带重建术。
6. 踝关节镜下韧带修补术。
7. 肩关节镜下前盂唇损伤修补术 (BANKART)。
8. 肩关节镜下盂唇撕裂修复术 (SLAP)。
9. 肩关节镜下盂唇修复术。
10. 髋关节镜下盂唇修补术。

§2.5.2 关节镜手术器械

▶▶ **组合图谱及明细** ◀◀

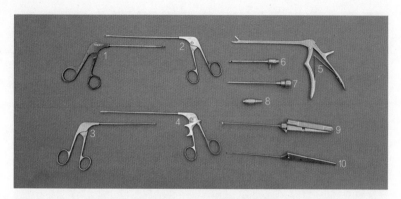

图 2-5-2 关节镜手术器械

序号	名称	基数	序号	名称	基数
1	篮钳	1	6	套管	1
2	抓线钳	1	7	套管芯	1
3	弯篮钳	1	8	注水接头	1
4	抓物钳	1	9	90° 篮钳	1
5	髓核钳	1	10	探钩	1

▶▶ **适用手术** ◀◀

1. 肩关节镜下肩袖修补术。
2. 膝关节镜下半月板缝合术。
3. 膝关节镜下半月板修补术。
4. 膝关节镜下陈旧性前十字韧带重建术。
5. 膝关节镜下陈旧性后十字韧带重建术。
6. 踝关节镜下韧带修补术。
7. 肩关节镜下前盂唇损伤修补术 (BANKART)。
8. 肩关节镜下盂唇撕裂修复术 (SLAP)。
9. 肩关节镜下盂唇修复术。

§2.5.3　编腱台1号

▶▶ **组合图谱及明细** ◀◀

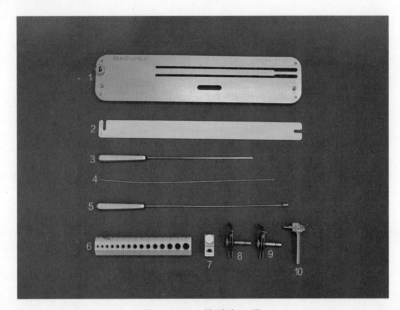

图 2-5-3　编腱台 1 号

序号	名称	基数	序号	名称	基数
1	整理台	1	6	量筒	1
2	工作台切割器	1	7	纽扣放置器	1
3	测深尺	1	8~9	软组织夹	2
4	过线器	1	10	滑动器	1
5	取腱器	1			

▶▶ **适用手术** ◀◀

1. 膝关节镜下髌骨脱位成形术。

2. 膝关节镜下前十字韧带重建术。

3. 膝关节镜下后十字韧带重建术。

4. 膝关节镜下内外侧副韧带重建术。

§2.5.4　编腱台2号

▶▶ **组合图谱及明细** ◀◀

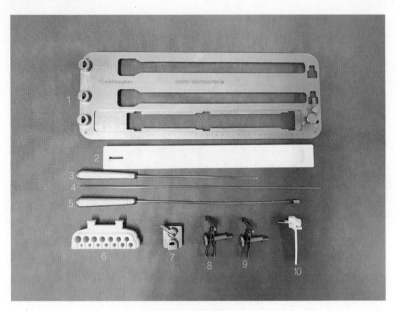

图2-5-4　编腱台2号

序号	名称	基数	序号	名称	基数
1	整理台	1	6	量筒	1
2	工作台切割器	1	7	纽扣放置器	1
3	测深尺	1	8~9	软组织夹	2
4	过线器	1	10	滑动器	1
5	取腱器	1			

▶▶ **适用手术** ◀◀

1. 膝关节镜下髌骨脱位成形术。
2. 膝关节镜下前十字韧带重建术。
3. 膝关节镜下后十字韧带重建术。
4. 膝关节镜下内外侧副韧带重建术。

§2.5.5　编腱台 3 号

▶▶ **组合图谱及明细** ◀◀

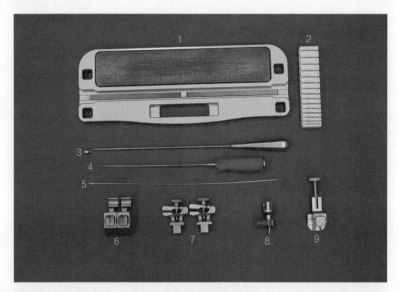

图 2-5-5　编腱台 3 号

序号	名称	基数	序号	名称	基数
1	平台底架（金）+测量板（黑）	1	6	滑动器	2
2	量筒	1	7	软组织夹	2
3	取腱器	1	8	袢固定杆	1
4	测深尺	1	9	拉力杆	1
5	过线器	1			

▶▶ **适用手术** ◀◀

1. 膝关节镜下髌骨脱位成形术。
2. 膝关节镜下前十字韧带重建术。
3. 膝关节镜下后十字韧带重建术。
4. 膝关节镜下内外侧副韧带重建术。

§2.5.6 编腱台4号

▶▶ **组合图谱及明细** ◀◀

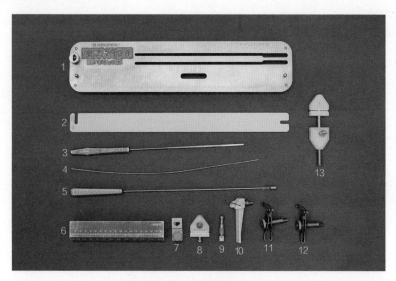

图2-5-6 编腱台4号

序号	名称	基数	序号	名称	基数
1	整理台	1	7	纽扣放置器	1
2	工作台切割器	1	8	缝线夹A	1
3	测深尺	1	9	滑动器（纽扣）	1
4	过线器	1	10	缝线夹B	1
5	取腱器	1	11～12	软组织夹	2
6	量筒	1	13	预张固定器	1

▶▶ **适用手术** ◀◀

1. 膝关节镜下髌骨脱位成形术。
2. 膝关节镜下前十字韧带重建术。
3. 膝关节镜下后十字韧带重建术。
4. 膝关节镜下内外侧副韧带重建术。

§2.5.7　编腱台 5 号

▶▶ **组合图谱及明细** ◀◀

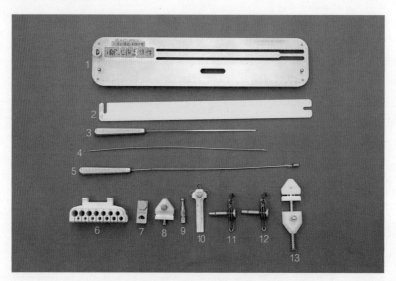

图 2-5-7　编腱台 5 号

序号	名称	基数	序号	名称	基数
1	整理台	1	7	纽扣放置器	1
2	工作台切割器	1	8	缝线夹A	1
3	测深尺	1	9	滑动器（纽扣）	1
4	过线器	1	10	缝线夹B	1
5	取腱器	1	11 ~ 12	软组织夹	2
6	量筒	1	13	预张固定器	1

▶▶ **适用手术** ◀◀

1. 膝关节镜下髌骨脱位成形术。
2. 膝关节镜下前十字韧带重建术。
3. 膝关节镜下后十字韧带重建术。
4. 膝关节镜下内外侧副韧带重建术。

§2.5.8　肩关节镜器械1号

▶▶ **组合图谱及明细** ◀◀

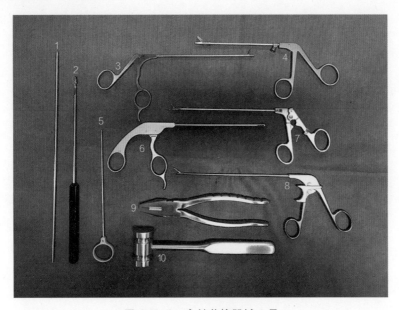

图 2-5-8　肩关节镜器械 1 号

序号	名称	规格	基数	序号	名称	规格	基数
1	交换棒	实心	1	6	镜下线剪	直	1
2	剥离器		1	7	抓线钳	直	1
3	抓钳	直	1	8	活检钳	直	1
4	剪刀	直	1	9	老虎钳	虎头	1
5	推节器		1	10	骨锤	270 g	1

▶▶ **适用手术** ◀◀

1. 肩关节镜下前盂唇损伤修补术 (BANKART)。
2. 肩关节镜下上盂唇撕裂修复术 (SLAP)。
3. 肩关节镜下盂唇修复术。
4. 肩关节镜下肩袖修补术。

§2.5.9　肩关节镜器械 2 号

▶▶ 组合图谱及明细 ◀◀

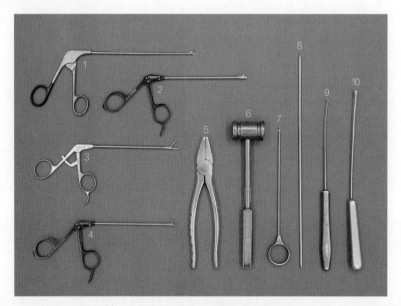

图 2-5-9　肩关节镜器械 2 号

序号	名称	规格	基数	序号	名称	规格	基数
1	镜下剪	直	1	7	推结器		1
2	剪线器	直	1	8	交换棒	实心	1
3~4	抓钳	直	1	9	探钩		1
5	老虎钳	虎头	1	10	盂唇剥离子		1
6	骨锤	270g	1				

▶▶ 适用手术 ◀◀

1. 肩关节镜下前盂唇损伤修补术 (BANKART)。

2. 肩关节镜下上盂唇撕裂修复术 (SLAP)。

3. 肩关节镜下盂唇修复术。

4. 肩关节镜下肩袖修补术。

§2.5.10 肩关节镜器械3号

▶▶ **组合图谱及明细** ◀◀

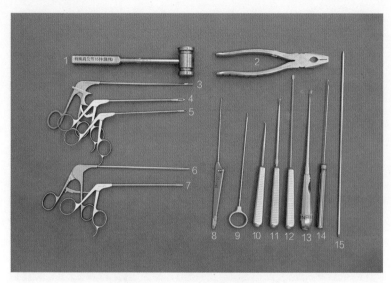

图2-5-10 肩关节镜器械3号

序号	名称	规格	基数	序号	名称	规格	基数
1	骨锤	270g	1	9	推结器		1
2	老虎钳	虎头	1	10	微骨折椎		1
3~5	抓钳	直	3	11~12	剥离子		1
6	开口剪线器	直	1	13	刮勺	空心	1
7	闭口剪线器	直	1	14	钩线器		1
8	探钩		1	15	交换棒	实心	1

▶▶ **适用手术** ◀◀

1. 肩关节镜下前盂唇损伤修补术(BANKART)。
2. 肩关节镜下上盂唇撕裂修复术(SLAP)。
3. 肩关节镜下盂唇修复术。
4. 肩关节镜下肩袖修补术。

§2.5.11 肩关节骨遮挡包

▶▶ 组合图谱及明细 ◀◀

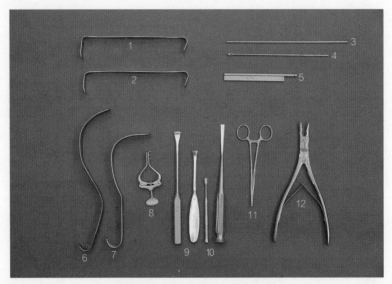

图 2-5-11 肩关节骨遮挡包

序号	名称	规格	基数	序号	名称	规格	基数
1~2	甲状腺拉钩		1	8	乳突拉钩		1
3	交换棒	实心	1	9	骨膜剥离子	大/小	各1
4	钻头	4.5 mm	3	10	骨刀	大/小	各1
5	定位器		1	11	有齿止血钳	14 cm	2
6~7	小S拉钩		2	12	咬骨钳	双关节	1

▶▶ 适用手术 ◀◀

肩关节镜下骨遮挡术。

§2.5.12 髋关节镜器械 1 号

▶▶ 组合图谱及明细 ◀◀

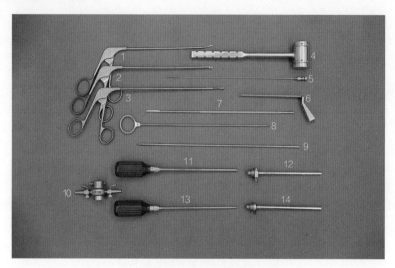

图 2-5-12 髋关节镜器械 1 号

序号	名称	规格	基数	序号	名称	规格	基数
1	戳枪抓线钳	上弯60°	1	8	推节器		1
2	抓线钳	直	1	9	交换棒	空心	1
3	剪线器	直	1	10	套管	双阀门	1
4	骨锤	270g	1	11	闭孔器	5.5 mm	1
5	穿刺针及针芯		2	12	套管	5.5 mm	1
6	滑槽		1	13	闭孔器	4.5 mm	1
7	切割刀		1	14	套管	4.5 mm	1

▶▶ 适用手术 ◀◀

1. 髋关节镜下盂唇修补术。
2. 髋关节镜下病损切除术。
3. 髋关节镜下关节滑膜切除术。
4. 髋关节镜下关节清理术。

§2.5.13　髋关节镜器械 2 号

▶▶ **组合图谱及明细** ◀◀

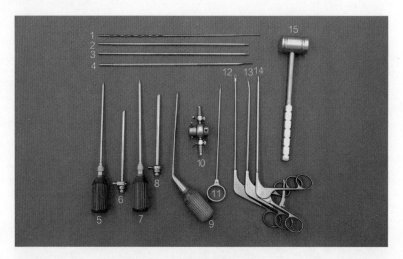

图 2-5-13　髋关节镜器械 2 号

序号	名称	规格	基数	序号	名称	规格	基数
1	探钩		1	9	滑槽		1
2~3	交换棒	空心	2	10	套管	双阀门	1
4	切割刀		1	11	推结器		1
5	闭孔器	4.5 mm	1	12	抓线钳	直	1
6	套管	4.5 mm	1	13	弯戳钳	弯60°	1
7	闭孔器	5.5 mm	1	14	剪线器	直	1
8	套管	5.5 mm	1	15	骨锤	270g	1

▶▶ **适用手术** ◀◀

1. 髋关节镜下盂唇修补术。
2. 髋关节镜下病损切除术。
3. 髋关节镜下关节滑膜切除术。
4. 髋关节镜下关节清理术。

§2.5.14　髋关节镜器械 3 号

▶▶ 组合图谱及明细 ◀◀

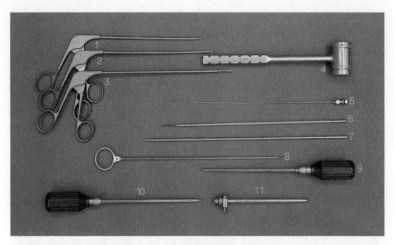

图 2-5-14　髋关节镜器械 3 号

序号	名称	规格	基数	序号	名称	规格	基数
1	戳枪	上弯60°	1	7	交换棒	空心	1
2	抓线钳	直	1	8	推节器		1
3	剪线器	直	1	9	闭孔器	5.0 mm	1
4	骨锤	270g	1	10	闭孔器	5.5 mm	1
5	穿刺针及针芯		2	11	套管	5.0 mm	1
6	切割刀		1				

▶▶ 适用手术 ◀◀

1. 髋关节镜下盂唇修补术。
2. 髋关节镜下病损切除术。
3. 髋关节镜下关节滑膜切除术。
4. 髋关节镜下关节清理术。

§2.5.15　髋关节镜器械 4 号

▶▶ **组合图谱及明细** ◀◀

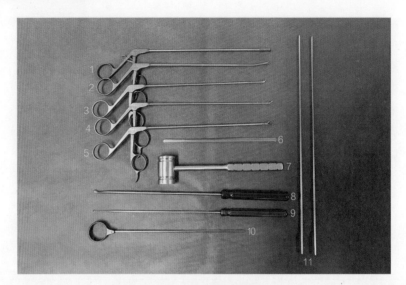

图 2-5-15　髋关节镜器械 4 号

序号	名称	规格	基数	序号	名称	规格	基数
1	剪线器		1	7	骨锤	270g	1
2	抓线器		1	8	刮勺		1
3	戳枪	上弯60°	1	9	探钩		1
4	戳枪	直	1	10	推结器		1
5	大力抓钳	直	1	11	交换棒	空心	2
6	滑槽		1				

▶▶ **适用手术** ◀◀

1. 髋关节镜下盂唇修补术。
2. 髋关节镜下病损切除术。
3. 髋关节镜下关节滑膜切除术。
4. 髋关节镜下关节清理术。

§2.5.16 关节镜横穿钉器械

▶▶ **组合图谱及明细** ◀◀

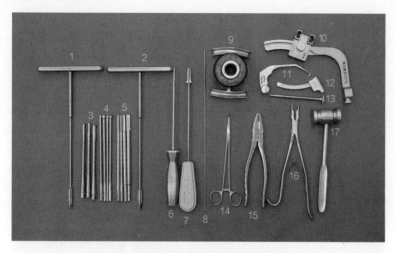

图 2-5-16 关节镜横穿钉器械

序号	名称	规格	基数	序号	名称	规格	基数
1~2	鞘试模		2	9	张力拉紧器		1
3	股骨杆	7#/8#/9#	各1	10	瞄准器		1
4	股骨钻		4	11~13	胫骨定位器		3
5	胫骨钻		4	14	直角钳	18 cm	1
6	上钉起子		1	15	老虎钳	虎头	1
7	护套起子		1	16	套筒取出器		1
8	胫骨导引针		1	17	骨锤	270g	1

▶▶ **适用手术** ◀◀

膝关节镜下前十字韧带重建术。

§2.5.17　软骨移植器械 1 号

▶▶ 组合图谱及明细 ◀◀

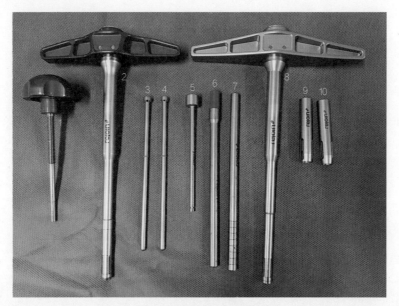

图 2-5-17　软骨移植器械 1 号

序　号	名　称	基　数
1~10	软骨移植器械	10

▶▶ 适用手术 ◀◀

1. 膝关节镜下软骨移植术。
2. 踝关节镜下软骨移植术。

§2.5.18　软骨移植器械 2 号

▶▶ **组合图谱及明细** ◀◀

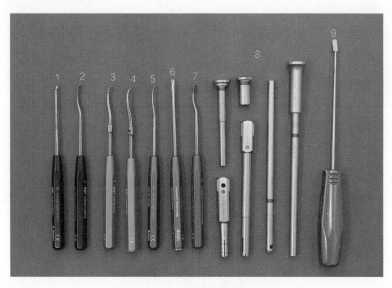

图 2-5-18　软骨移植器械 2 号

序号	名称	基数	序号	名称	基数
1~2	探钩	2	7	弯形铲刀	1
3	环形刮勺	1	8	取骨套件	6
4~5	微骨折锥	2	9	骨锉	1
6	直骨刀	1			

▶▶ **适用手术** ◀◀

1. 膝关节镜下软骨移植术。
2. 踝关节镜下软骨移植术。
3. 关节镜下骨软骨修复术。

§2.5.19 运动过线器

▶▶ 组合图谱及明细 ◀◀

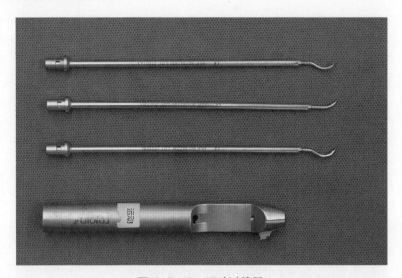

图 2-5-19 运动过线器

序　号	名　称	基　数
1~3	过线针	3
4	手柄	1

▶▶ 适用手术 ◀◀

1. 肩关节镜下前盂唇损伤修补术 (BANKART)。
2. 肩关节镜下上盂唇撕裂修复术 (SLAP)。
3. 肩关节镜下盂唇修复术。
4. 肩关节镜下肩袖修补术。

§2.5.20 强生挤压钉螺丝刀

▶▶ 组合图谱及明细 ◀◀

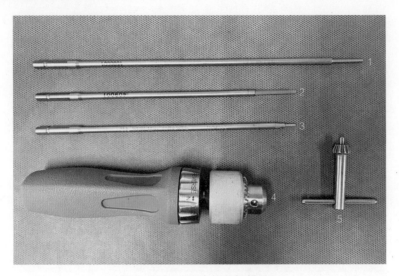

图 2-5-20 强生挤压钉螺丝刀

序 号	名 称	规 格	基 数
1~3	螺丝刀头	大/中/小	各1
4	手柄		1
5	钥匙		1

▶▶ 适用手术 ◀◀

1. 膝关节镜下前交叉韧带重建术。
2. 膝关节镜下后交叉韧带重建术。
3. 踝关节镜下韧带修补术。

§2.5.21　运动导航手术器械

▶▶ **组合图谱及明细** ◀◀

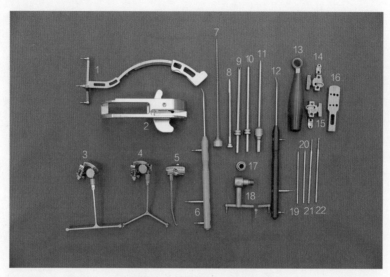

图 2-5-21　运动导航手术器械

名　称	基　数
导航器械	22

▶▶ **适用手术** ◀◀

1. 膝关节镜下前后十字韧带破裂修补术。
2. 膝关节镜下前十字韧带重建术。
3. 膝关节镜下后十字韧带重建术。

§2.5.22　关节镜前后十字韧带重建器械

▶▶ **组合图谱及明细** ◀◀

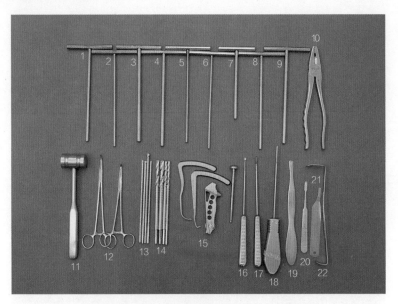

图 2-5-22　关节镜前后十字韧带重建器械

序号	名称	规格	基数	序号	名称	规格	基数
1～9	钝头扩张器		9	16	刮勺		1
10	老虎钳	虎头	1	17	骨道挫		1
11	大骨锤	270g	1	18	挤压钉螺丝刀		1
12	直角钳	20 cm/18 cm	各1	19	骨膜剥离子	1.2 cm	1
13	股骨钻头		4	20	骨刀		1
14	胫骨钻头		4	21	髁间测量尺		1
15	胫骨定位器		4	22	甲状腺拉钩		1

▶▶ **适用手术** ◀◀

1. 膝关节镜下髌骨脱位成形术。
2. 膝关节镜下前后十字韧带破裂修补术。

3. 膝关节前十字韧带重建术。

4. 膝关节镜下后十字韧带重建术。

5. 膝关节镜下内外侧副韧带重建术。

〔龚喜雪　贺红梅　牛玉波〕

§2.6　心胸外科手术器械

§2.6.1　胸骨正中切开手术器械

▶▶ **组合图谱及明细** ◀◀

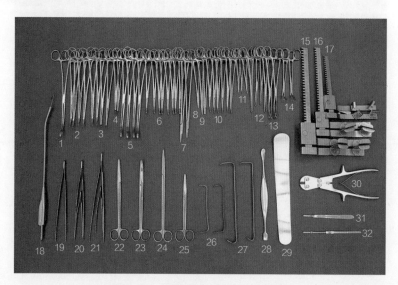

图 2-6-1　胸骨正中切开手术器械

序号	名称	规格	基数	序号	名称	规格	基数
1	卵圆钳	无齿26 cm	1	5	小头卵圆钳	有/无齿	各2
2	弯钳	26 cm	6	6	有齿止血钳	18 cm	8
3	直角钳	26 cm	2	7	持针器	24 cm	2
4	直角钳	粗头	2	8	持针器	18 cm	2

续表

序号	名称	规格	基数	序号	名称	规格	基数
9	钢丝持针器	18 cm	1	22	线剪	22 cm	1
10	弯钳	18 cm	6	23	组织剪	23 cm	1
11	蚊氏钳	14 cm	4	24	薄剪	25 cm	1
12	组织钳	18 cm	4	25	线剪	18 cm	1
13	中号肺叶钳		2	26	小甲钩		2
14	布巾钳	14 cm	2	27	甲钩		2
15～17	撑开器	大/中/小	各1	28	骨膜剥离子		1
18	胸科吸引器	带通条	1	29	压肠板		1
19	长镊	26 cm无齿	1	30	小力剪		1
20	有齿镊	12.5 cm	2	31	刀柄	4#	1
21	无损伤镊	25 cm	2	32	刀柄	7#	1

▶▶ 适用手术 ◀◀

1. 纵隔肿物切除术。
2. 开胸探查术。
3. 开胸止血术。
4. 胸腺肿瘤切除术。
5. 胸骨后甲状腺切除术。
6. 心包切除术。
7. 纵隔气肿切开减压术。
8. 膈肌修补术。
9. 膈疝修补术。
10. 膈肌肿瘤切除术。
11. 食管裂孔疝修补术。
12. 心包剥脱术。
13. 心包肿瘤切除术。
14. 心包开窗引流术。
15. 心外开胸探查术。

16. 心外开胸心包填塞解除术。

17. 心外开胸清创引流术。

18. 心外开胸肿瘤取活检术。

19. 心包重建术。

20. 心内异物取出术。

21. 肺动脉内异物取出术。

22. 各类心脏及其大血管手术。

23. 供肺切除术。

24. 肺移植术。

25. 气管内肿瘤切除术。

26. 气管成形术。

§2.6.2　胸外科前纵隔手术器械

▶▶ **组合图谱及明细** ◀◀

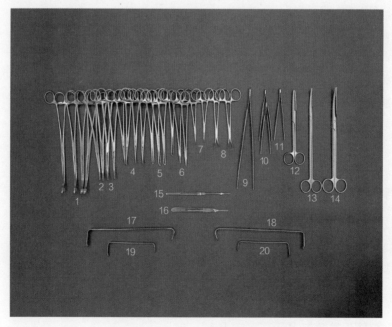

图 2-6-2　胸外科前纵隔手术器械

序号	名称	规格	基数	序号	名称	规格	基数
1	卵圆钳	有/无齿26 cm	各2	10	有齿镊	12.5 cm	2
2	弯钳	22 cm	2	11	无齿镊	12.5 cm	1
3	有齿止血钳	22 cm	2	12	线剪	18 cm	1
4	弯钳	18 cm	4	13	薄剪	20 cm	1
5	组织钳	18 cm	4	14	组织剪	25 cm	1
6	持针器	18 cm	2	15	刀柄	7#	1
7	蚊氏钳	12.5 cm	2	16	刀柄	4#	1
8	布巾钳	14 cm	2	17~18	甲状腺拉钩		2
9	无损伤镊	25 cm	1	19~20	小甲钩		2

▶▶ 适用手术 ◀◀

1. 胸腺切除术。
2. 胸腺肿瘤切除术。
3. 胸腺扩大切除术。
4. 纵隔肿物切除术。
5. 心包肿瘤切除术。
6. 心包开窗引流术。
7. 胸骨后甲状腺切除术。
8. 心包切除术。
9. 纵隔气肿切开减压术。

§2.6.3 胸腔镜手术基础器械

▶▶ **组合图谱及明细** ◀◀

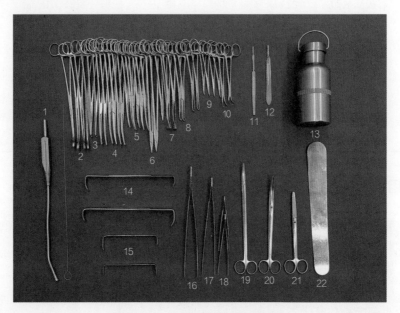

图 2-6-3 胸腔镜手术基础器械

序号	名称	规格	基数	序号	名称	规格	基数
1	专用吸引器	带通条	1	12	刀柄	4#	1
2	小头卵圆钳	有/无齿	各2	13	保温杯		1
3	直角钳	26/24 cm	各1	14	甲状腺拉钩		2
4	弯钳	24 cm	6	15	小甲钩		2
5	弯钳	18 cm	6	16	无齿镊	25 cm	1
6	持针器	24/18 cm	各2	17	无损伤镊	20 cm	1
7	肺叶钳	中/小	各1	18	有齿镊	12.5 cm	2
8	组织钳	18 cm	4	19	薄剪	24 cm	1
9	蚊氏钳	12.5 cm	4	20	组织剪	24 cm	1
10	布巾钳	14 cm	2	21	线剪	18 cm	1
11	刀柄	7#	1	22	压肠板		1

▶▶ **适用手术** ◀◀

1. 肺大泡切除修补术。
2. 肺癌根治术。
3. 肺段切除术。
4. 肺减容手术。
5. 肺楔形切除术。
6. 肺叶切除术。
7. 全肺切除术。
8. 肺内异物摘除术。
9. 脓胸引流清除术。
10. 胸膜活检术。
11. 胸膜粘连烙断术。
12. 纵隔肿物切除术。
13. 胸骨后甲状腺切除术。
14. 纵隔气肿切开减压术。
15. 膈肌修补术。
16. 膈疝修补术。
17. 膈肌肿瘤切除术。
18. 食管裂孔疝修补术。
19. 胸骨骨折内固定术。
20. 内镜下纵隔淋巴结清扫术。
21. 经胸腔镜心包活检术。
22. 经胸腔镜心包部分切除术。
23. 肋骨骨折固定术。

§2.6.4　食管手术基础器械

▶▶ **组合图谱及明细** ◀◀

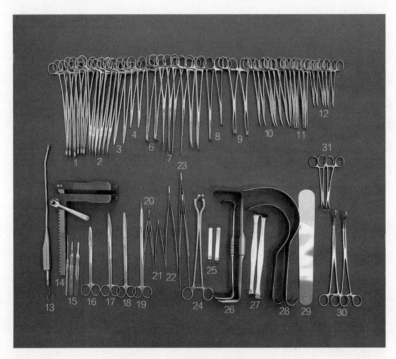

图 2-6-4　食管手术基础器械

序号	名称	规格	基数	序号	名称	规格	基数
1	小头卵圆钳	26 cm无齿	6	10	弯钳	18 cm	6
2	弯钳	24 cm	6	11	组织钳	18 cm	5
3	持针器	22 cm	2	12	蚊氏钳	12.5 cm	6
4	持针器	18 cm	2	13	吸引器		1
5	支气管钳	22 cm	2	14	撑开器	中号	1
6	肠钳	弯/直	各2	15	刀柄	4#/7#	3
7	有齿止血钳	22 cm	2	16	线剪	18 cm	1
8	直角钳	22 cm	2	17	组织剪	22 cm	1
9	肺叶钳	中号	2	18	线剪	24 cm	1

续表

序号	名称	规格	基数	序号	名称	规格	基数
19	薄剪	24 cm	1	26	腹腔拉钩		2
20	有齿镊	12.5 cm	2	27	甲状腺拉钩		2
21	无齿镊	12.5 cm	1	28	S拉钩	大/小	各1
22	无齿镊	22 cm	1	29	压肠板		1
23	无损伤镊	22 cm	2	30	有齿卵圆钳	26 cm	2
24	荷包钳	7齿	1	31	布巾钳	14 cm	2
25	小甲钩		2				

▶▶ 适用手术 ◀◀

1. 食管狭窄切除吻合术。
2. 食管癌根治术。
3. 颈胸腹三切口食管癌手术。
4. 颈段食管癌切除 + 结肠代食管术。
5. 食管癌根治 + 结肠代食管术。
6. 食管再造术。
7. 食管胃短路捷径手术。
8. 游离空肠代食管术。
9. 贲门癌切除术。
10. 贲门癌扩大根治术。

§2.6.5　胸外科开胸手术专用器械

▶▶ 组合图谱及明细 ◀◀

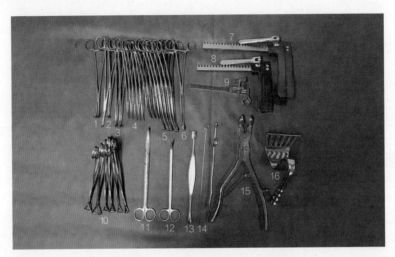

图 2-6-5　胸外科开胸手术专用器械

序号	名称	规格	基数	序号	名称	规格	基数
1	支气管钳		1	9	闭合器		1
2	直角钳	24 cm	2	10	肺叶钳	大/中/小	各2
3	角弯	24 cm	2	11	组织剪	24 cm	1
4	弯钳	24 cm	8	12	直角剪	22 cm	1
5	小头卵圆钳	26 cm无齿	5	13	肋骨骨膜剥离子		1
6	小头卵圆钳	26 cm有齿	1	14	吸引器		1
7	胸科撑开器	中	1	15	肋骨咬骨钳		1
8	胸科撑开器	小	1	16	肩甲拉钩		1

▶▶ 适用手术 ◀◀

1. 胸出口综合征手术。
2. 肋骨骨折固定术。
3. 胸壁外伤、异物扩创术。

4. 胸壁肿瘤切除术。

5. 胸壁缺损修复术。

6. 肋骨骨髓病灶清除术。

§2.6.6 胸外科肋骨手术专用器械

▶▶ **组合图谱及明细** ◀◀

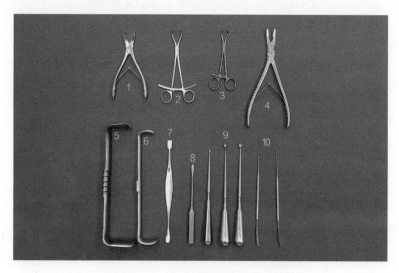

图 2-6-6 胸外科肋骨手术专用器械

序号	名称	规格	基数	序号	名称	规格	基数
1	小骨剪		1	7	肋骨骨膜剥离子	1.5 cm	1
2~3	骨固定巾钳	18 cm	2	8	骨膜剥离子	1.2 cm	1
4	咬骨钳	双关节	1	9	刮勺	大/中/小	各1
5~6	腹腔拉钩		2	10	神经剥离子	双头	2

▶▶ **适用手术** ◀◀

1. 肋骨骨折固定术。

2. 肋骨切除术。

3. 肋软骨取骨术。

4. 胸廓成形术。

5. 胸骨牵引术。

6. 胸廓畸形矫正术。

7. 小儿鸡胸矫正术。

8. 小儿漏斗胸矫正术。

§2.6.7　胸外科血管显微器械

▶▶ **组合图谱及明细** ◀◀

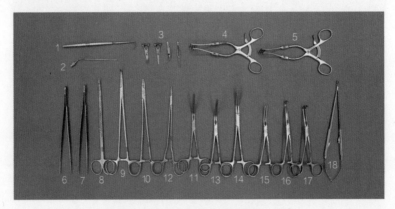

图 2-6-7　胸外科血管显微器械

序号	名称	规格	基数	序号	名称	规格	基数
1	血管拉钩	18 cm	1	8	超薄剪	金	1
2	长针头	9#	1	9	直角钳	26 cm	1
3	血管夹	弯/直	各2	10~11	显微持针器	金	2
4~5	乳突牵开器	16 cm	2	12~17	无损伤钳		6
6~7	血管镊	22 cm	2	18	显微持针器	20 cm	1

▶▶ **适用手术** ◀◀

各类开胸心脏血管手术。

§2.6.8 胸外科开胸显微器械

▶▶ 组合图谱及明细 ◀◀

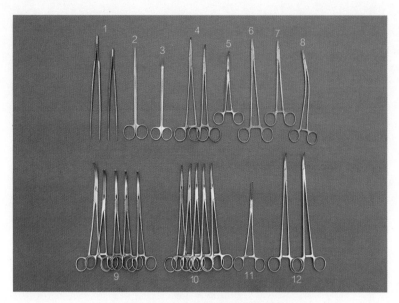

图 2-6-8 胸外科开胸显微器械

序号	名称	规格	基数	序号	名称	规格	基数
1	无损伤镊	24 cm	2	7	持针器	24 cm	1
2	薄剪	22 cm	1	8	无损伤持针器	23 cm	1
3	直角剪	20 cm	1	9	无损伤钳		5
4	直角钳	24/28 cm	各1	10	竖纹长弯钳	25 cm	5
5	心耳钳		1	11	组织钳	20 cm	1
6	持针器	26 cm	1	12	横纹长弯钳	26 cm	2

▶▶ 适用手术 ◀◀

1. 各类开胸心脏血管手术。
2. 食管癌根治术。
3. 食管癌三切口联合根治术。

§2.6.9 心脏手术基础器械1号

▶▶ 组合图谱及明细 ◀◀

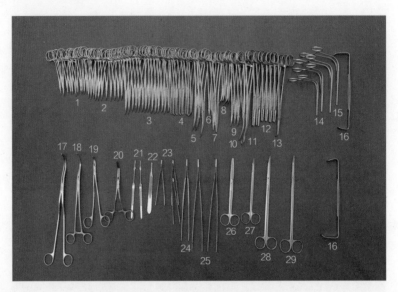

图 2-6-9 心脏手术基础器械1号

序号	名称	规格	基数	序号	名称	规格	基数
1	蚊氏钳	12.5 cm	12	13	直角钳	20 cm	1
2	弯钳	14 cm	12	14	主动脉阻断钳	短	2
3	弯钳	18 cm	14	15	主动脉阻断钳	长	2
4	组织钳	18 cm	8	16	甲状腺拉钩		2
5	扁桃体钳	20 cm	4	17～18	心耳钳		2
6	持针器	18 cm	2	19～20	过带钳		2
7	持针器	22 cm	2	21	刀柄	7#	2
8	布巾钳	14 cm	4	22	刀柄	4#	1
9	弯钳	24 cm	4	23	无齿镊	12.5 cm	1
10	有齿止血钳	22 cm	2	24	有齿镊	12.5 cm	2
11	卵圆钳	有齿	1	25	血管镊	无齿	3
12	夹管钳	18/20 cm	6	26	线剪	18 cm	1

续表

序号	名称	规格	基数	序号	名称	规格	基数
27	薄剪	18 cm	1	29	薄剪	26 cm/金	1
28	薄剪	24 cm	1				

▶▶ 适用手术 ◀◀

1. 心外开胸探查术。
2. 多瓣置换术。
3. 二尖瓣置换术。
4. 三尖瓣置换术。
5. 主动脉瓣置换术。
6. 胸主动脉瘤切除术。
7. 房间隔开窗术。
8. 房间隔缺损修补术。
9. 室间隔开窗术。
10. 冠状动脉搭桥术。
11. 上腔静脉肺动脉吻合术。
12. 动脉导管闭合术。
13. 体外循环下各类心脏手术。
14. 心内异物取出术。
15. 心脏肿瘤摘除术。
16. 室间隔缺损扩大术。

§2.6.10　心脏手术基础器械2号

▶▶ 组合图谱及明细 ◀◀

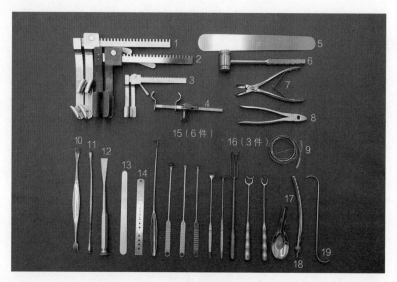

图 2-6-10　心脏手术基础器械2号

序号	名称	规格	基数	序号	名称	规格	基数
1~3	胸骨撑开器	大/中/小	各1	12	骨刀	1.5 cm	1
4	闭合器		1	13	脑压板		1
5	压肠板		1	14	钢尺	18 cm	1
6	骨锤	270g	1	15	血管拉钩		6
7	钢丝剪		1	16	心房拉钩		3
8	钢丝钳		1	17	钢勺		1
9	钢丝		1	18	铁头吸引器		1
10	剥离子	双头	1	19	心内拉钩	S型	1
11	刮勺	双头	1				

▶▶ 适用手术 ◀◀

1. 心外开胸探查术。

2. 多瓣置换术。

3. 二尖瓣置换术。

4. 三尖瓣置换术。

5. 主动脉瓣置换术。

6. 胸主动脉瘤切除术。

7. 房间隔开窗术。

8. 房间隔缺损修补术。

9. 室间隔开窗术。

10. 冠状动脉搭桥术。

11. 上腔静脉肺动脉吻合术。

12. 动脉导管闭合术。

13. 体外循环下各类心脏手术。

14. 心内异物取出术。

15. 心脏肿瘤摘除术。

16. 室间隔缺损扩大术。

§2.6.11　心脏手术显微器械

▶▶ **组合图谱及明细** ◀◀

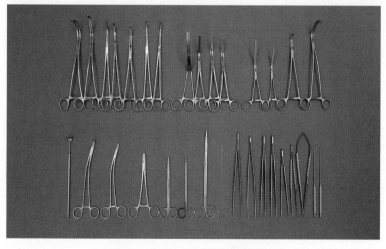

图 2-6-11　心脏手术显微器械

名　称	基　数
显微器械	32件

▶▶ 适用手术 ◀◀

1. 心外开胸探查术。

2. 多瓣置换术。

3. 二尖瓣置换术。

4. 三尖瓣置换术。

5. 主动脉瓣置换术。

6. 胸主动脉瘤切除术。

7. 房间隔开窗术。

8. 房间隔缺损修补术。

9. 室间隔开窗术。

10. 冠状动脉搭桥术。

11. 上腔静脉肺动脉吻合术。

12. 动脉导管闭合术。

13. 体外循环下各类心脏手术。

14. 心内异物取出术。

15. 心脏肿瘤摘除术。

16. 室间隔缺损扩大术。

〔钮敏红　陈　晖　吴仁光〕

§2.7　血管外科手术器械

§2.7.1　血管外科显微器械

▶▶ **组合图谱及明细** ◀◀

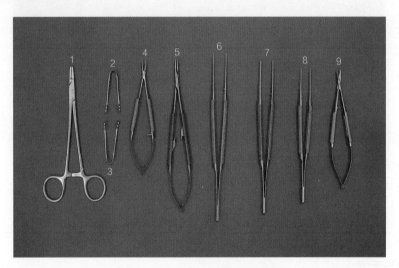

图 2-7-1　血管外科显微器械

序号	名称	规格	基数
1	持针器	金 / 14 cm	1
2～3	撑开器		2
4	显微持针器	银	1

序号	名称	规格	基数
5	显微持针器	蓝	1
6～8	显微尖镊	大/中/小	各1
9	显微剪	弯	1

▶▶ **适用手术** ◀◀

1. 动静脉吻合术。
2. 动静脉人工内瘘成形术。
3. 断指再植术。
4. 手部外伤皮肤缺损游离植皮术。
5. 神经吻合术。

§2.7.2 血管外科隧道器

▶▶ **组合图谱及明细** ◀◀

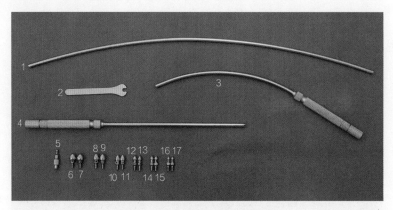

图 2-7-2　血管外科隧道器

名　称	基　数
隧道器工具	17

▶▶ **适用手术** ◀◀

1. 股-股动脉人工血管转流术。
2. 股-胫前动脉转流术。
3. 股-腘动脉人工血管移植术。
4. 原位大隐静脉转流术。
5. 腋双股动脉人工血管转流术。

§2.7.3　血管外科上肢隧道器

▶▶ **组合图谱及明细** ◀◀

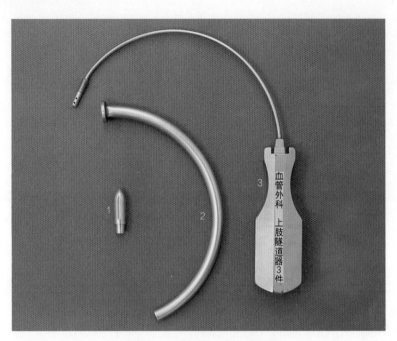

图 2-7-3　血管外科上肢隧道器

序　号	名　称	基　数
1	套管头	1
2	套管	1
3	手柄	1

▶▶ **适用手术** ◀◀

1. 动静脉人工内瘘成形术。
2. 动静脉人工内瘘人工血管转流术。

§2.7.4　血管显微器械

▶▶ 组合图谱及明细 ◀◀

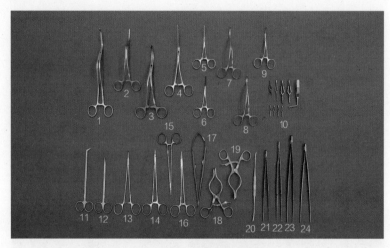

图 2-7-4　血管显微器械

序号	名称	规格	基数	序号	名称	规格	基数
1	心耳钳		1	13	直角钳	18 cm	1
2~4	侧壁钳		3	14~16	持针器	金、蓝	2、1
5~6	阻断钳		2	17	显微持针器		1
7~9	心耳钳		3	18~19	乳突拉钩		2
10	血管夹		9	20	双头剥离子		1
11	显微剪		1	21~24	无损伤镊		4
12	显微薄剪		1				

▶▶ 适用手术 ◀◀

　1．腔静脉取栓 + 血管成形术。

　2．肢体动静脉切开取栓术。

　3．肢体动脉内膜剥脱成形术。

　4．肢体动脉瘤切除术。

5. 血管移植术。

6. 血管转流术。

7. 血管置换术。

8. 动脉搭桥术。

§2.7.5　大隐静脉器械

▶▶ 组合图谱及明细 ◀◀

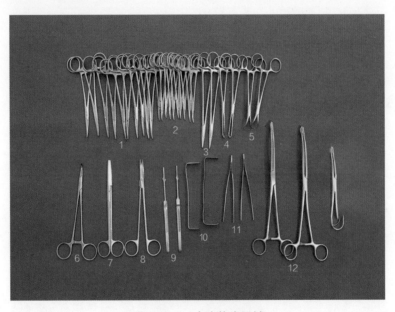

图 2-7-5　大隐静脉器械

序号	名称	规格	基数	序号	名称	规格	基数
1	弯钳	16 cm	10	7	线剪	18 cm	1
2	蚊氏钳	12.5 cm	10	8	薄剪	18 cm	1
3	持针器	18 cm	2	9	刀柄	7#	2
4	组织钳	18 cm	2	10	小甲钩		2
5	布巾钳	14 cm	2	11	有齿镊	12.5 cm	2
6	直角钳	20 cm	1	12	卵圆钳	有齿、无齿	各1

▶▶ 适用手术 ◀◀

1. 大隐静脉高位结扎剥脱术。
2. 大隐静脉激光闭合术。
3. 大隐静脉射频消融术。

〔谢小华　陈　浩　吴仁光〕

§2.8　烧伤整形外科手术器械

§2.8.1　烧伤手术器械

▶▶ 组合图谱及明细 ◀◀

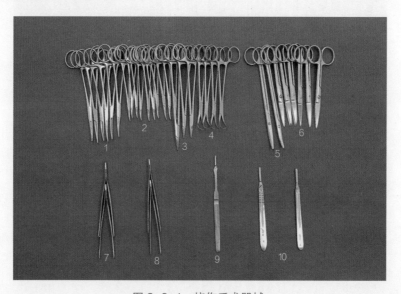

图 2-8-1　烧伤手术器械

序号	名称	规格	基数	序号	名称	规格	基数
1	弯钳	16 cm	6	3	持针器	18 cm	3
2	蚊氏钳	12.5 cm	10	4	布巾钳	14 cm	4

续表

序号	名称	规格	基数	序号	名称	规格	基数
5	薄剪	18 cm	2	8	无齿镊	12.5 cm	2
6	直尖剪	16 cm	6	9	刀柄	7#	1
7	有齿镊	12.5 cm	2	10	刀柄	4#	2

▶▶ 适用手术 ◀◀

1. 游离皮片移植术。
2. 烧伤切痂削痂术。
3. 烧伤异体皮移植术。
4. 烧伤肉芽创面扩创植皮术。
5. 烧伤焦痂切开减张术。
6. 烧伤换药（扩创术）。

§2.8.2　烧伤整形手术器械

▶▶ 组合图谱及明细 ◀◀

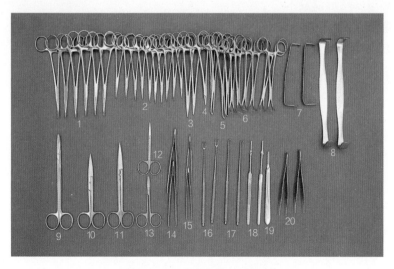

图 2-8-2　烧伤整形手术器械

序号	名称	规格	基数	序号	名称	规格	基数
1	弯钳	16 cm	6	12	眼科剪	直	1
2	蚊氏钳	12.5 cm	10	13	眼科剪	弯	1
3	持针器	18 cm	2	14	有齿镊	12.5 cm	2
4	持针器	16 cm	2	15	眼科镊	有齿	2
5	组织钳	18 cm	3	16	皮肤拉钩	双钩	2
6	布巾钳	14 cm	6	17	皮肤拉钩	单钩	2
7	小甲钩		2	18	刀柄	7#	2
8	甲钩		2	19	刀柄	4#	1
9	薄剪	18 cm	1	20	整形镊	有齿	2
10～11	直尖剪	16 cm	2				

▶▶ 适用手术 ◀◀

1. 烧伤术后畸形挛缩松解术。

2. 烧伤瘢痕切除整形术。

3. 皮肤扩张器或支撑物置入术（取出术）。

4. 关节成形（松解）术。

5. 鼻继发畸形修复术。

6. 隆鼻术后材料取出术。

7. 耳廓畸形矫正术。

8. 乳腺假体置入（取出）术。

§2.8.3 烧伤慢性创面修复器械

▶▶ 组合图谱及明细 ◀◀

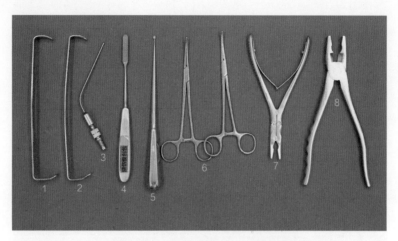

图 2-8-3 烧伤慢性创面修复器械

序号	名称	规格	基数	序号	名称	规格	基数
1~2	甲状腺拉钩		2	6	16 cm弯钳	16 cm	2
3	吸引器	弯	1	7	咬骨钳	双关节	1
4	骨锉		1	8	老虎钳	虎头	1
5	刮勺	弯头	1				

▶▶ 适用手术 ◀◀

1. 慢性溃疡清创修复术。
2. 烧伤死骨摘除术。
3. 骨髓炎病灶清除术。
4. 骨外露钻孔术。

§2.8.4 烧伤整形特殊器械

▶▶ **组合图谱及明细** ◀◀

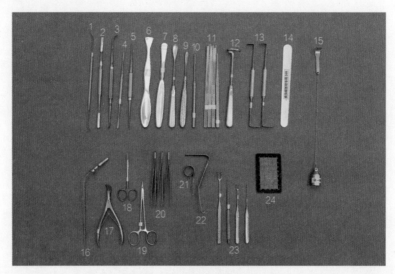

图 2-8-4 烧伤整形特殊器械

序号	名称	规格	基数	序号	名称	规格	基数
1～9	剥离子		9	17	鼻镜		1
10	骨挫		1	18	鸟状剪		1
11	骨凿		4	19	持针器	16 cm	1
12	肋骨剥离子		1	20	软骨镊		3
13	拉钩	双头	2	21	指环拉钩		1
14	垫片		2	22	鼻腔拉钩		1
15	锤子拉钩		1	23	单双头拉钩		4
16	吸引器		1	24	雕刻板		1

▶▶ **适用手术** ◀◀

1. 鼻继发畸形修复术。
2. 皮肤扩张器或支撑物置入（取出）术。

3. 烧伤瘢痕切除整形植皮术。

4. 耳廓再造术。

§2.8.5 烧伤皮瓣移植器械

▶▶ 组合图谱及明细 ◀◀

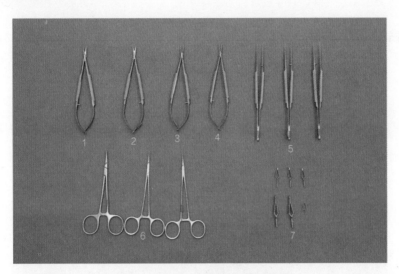

图 2-8-5 烧伤皮瓣移植器械

序号	名称	规格	基数	序号	名称	规格	基数
1~2	显微剪	直/弯	各1	6	显微钳		3
3~4	显微持针器	直/弯	各1	7	血管夹		6
5	显微镊		3				

▶▶ 适用手术 ◀◀

1. 肢体血管探查术。

2. 动静脉吻合术。

3. 皮瓣肌皮瓣延迟术。

4. 游离皮瓣切取移植术。

5. 带蒂皮瓣切取移植术。

6. 组织皮瓣成形术。

7. 烧伤血管破裂修补缝合术。

8. 血管移植术。

§2.8.6　烧伤电动取皮刀

▶▶ **组合图谱及明细** ◀◀

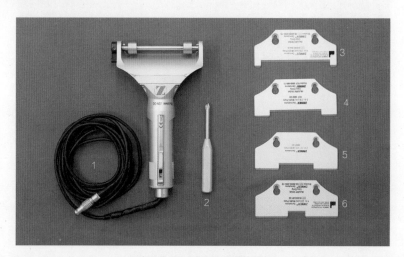

图 2-8-6　烧伤电动取皮刀

序号	名称	规格	基数	序号	名称	规格	基数
1	刀柄		1	4	挡板	7.6 cm	1
2	螺丝刀		1	5	挡板	5.1 cm	1
3	挡板	10.2 cm	1	6	挡板	2.5 cm	1

▶▶ **适用手术** ◀◀

1. 头皮取皮术。

2. 游离皮片切取移植术。

3. 烧伤削痂植皮术。

4. 烧伤肉芽创面扩创植皮术。

5. 烧伤瘢痕切除松解植皮术。

§2.8.7　烧伤拉网机

▶▶ 组合图谱及明细 ◀◀

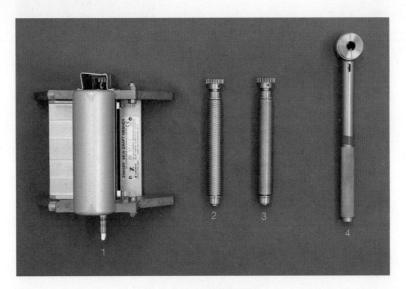

图 2-8-7　烧伤拉网机

序　号	名　称	基　数
1	主机	1
2～3	转轴	2
4	手柄	1

▶▶ 适用手术 ◀◀

网状皮制备术。

§2.8.8 烧伤扎皮机

▶▶ 组合图谱及明细 ◀◀

图 2-8-8 烧伤扎皮机

序　号	名　称	基　数
1	扎皮机	1
2	扎皮机把手	1

▶▶ 适用手术 ◀◀

异体皮备术。

§2.8.9　烧伤 MEEK 皮机

▶▶ 组合图谱及明细 ◀◀

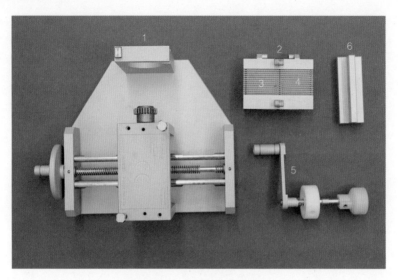

图 2-8-9　烧伤 MEEK 皮机

序号	名称	基数	序号	名称	基数
1	主机	1	5	手摇柄	1
2	垫片盒	1	6	垫片配件	1
3～4	垫片	2			

▶▶ 适用手术 ◀◀

烧伤 MEEK 皮制备术。

§2.8.10 扎皮机滚轴

▶▶ **组合图谱及明细** ◀◀

图 2-8-10 扎皮机滚轴

序　号	名　称	基　数
1~4	滚轴	4

▶▶ **适用手术** ◀◀

网状皮制备术。

〔谢小华　于　从　王美华〕

§2.9　泌尿外科手术器械

§2.9.1　经皮肾镜手术器械

▶▶ **组合图谱及明细** ◀◀

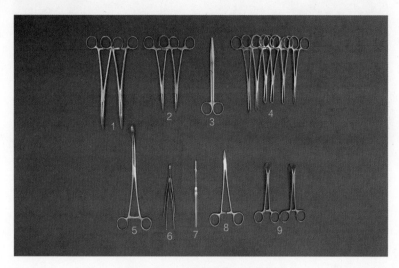

图 2-9-1　经皮肾镜手术器械

序号	名称	规格	基数	序号	名称	规格	基数
1	弯钳	24 cm	2	6	有齿镊	12.5 cm	2
2	弯钳	18 cm	2	7	刀柄	7#	1
3	线剪	18 cm	1	8	持针器	18 cm	1
4	组织钳	18 cm	6	9	布巾钳	14 cm	2
5	有齿卵圆钳	26 cm	1				

▶▶ **适用手术** ◀◀

1. 经皮肾镜碎石取石术。
2. 经皮肾镜检查术。
3. 经皮肾镜内切开成形术。

267

§2.9.2　膀胱镜手术器械

▶▶ 组合图谱及明细 ◀◀

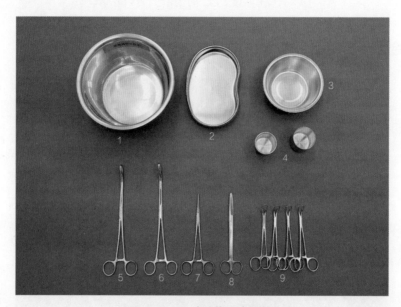

图 2-9-2　膀胱镜手术器械

序号	名称	规格	基数	序号	名称	规格	基数
1	冲洗盆	2 L	1	6	卵圆钳	26 cm无齿	1
2	弯盘		1	7	直钳	20 cm	1
3	换药碗	500 mL	1	8	线剪	18 cm	1
4	换药杯	30 mL	2	9	布巾钳	12.5 cm	4
5	卵圆钳	26 cm有齿	1				

▶▶ 适用手术 ◀◀

1. 膀胱镜检查术。

2. 膀胱肿瘤电切术。

3. 前列腺电切术。

4. 输尿管镜碎石取石术。

§2.9.3　肾脏手术专用器械

▶▶ 组合图谱及明细 ◀◀

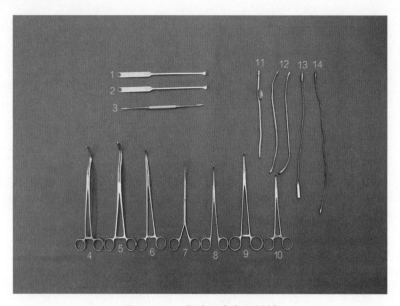

图2-9-3　肾脏手术专用器械

序号	名称	规格	基数	序号	名称	规格	基数
1~2	肾窦拉钩	20 cm	2	10	直角钳	18 cm	1
3	神经剥离子	18 cm	1	11	吸引器		1
4	心耳钳	24 cm	1	12	刮匙		2
5~6	肾蒂钳		2	13	尿道探子	单头	1
7~8	取石钳		2	14	尿道探子	双头	1
9	直角钳	22 cm	1				

▶▶ 适用手术 ◀◀

1. 开放肾切除术。

2. 开放肾部分切除术。

3. 开放肾盂成形术。

§2.9.4　全膀胱手术专用器械

▶▶ 组合图谱及明细 ◀◀

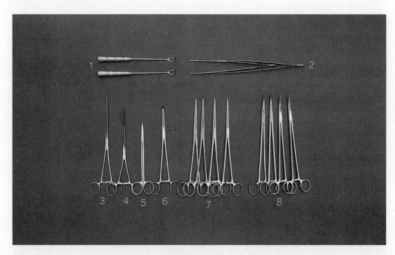

图 2-9-4　全膀胱手术专用器械

序号	名称	规格	基数	序号	名称	规格	基数
1	肾蒂拉钩		2	5	薄剪	18 cm	1
2	无损伤镊	20 cm	2	6	直角钳	22 cm	1
3	肠钳	直	1	7	有齿止血钳	24 cm	4
4	肠钳	弯	1	8	角弯钳	24 cm	4

▶▶ 适用手术 ◀◀

1. 膀胱部分切除术。
2. 根治性膀胱全切除术。
3. 膀胱尿道全切除术。
4. 回肠膀胱术。
5. 结肠膀胱术。
6. 直肠膀胱术。
7. 胃代膀胱术。

8. 肠道原位膀胱术。

§2.9.5　开放大手术器械

▶▶ **组合图谱及明细** ◀◀

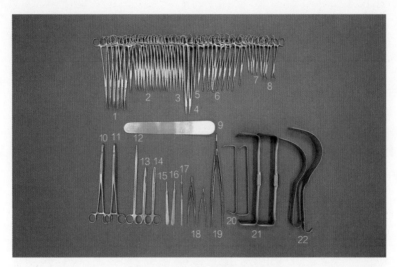

图 2-9-5　开放大手术器械

序号	名称	规格	基数	序号	名称	规格	基数
1	弯钳	24 cm	6	12	薄剪	24 cm	1
2	弯钳	18 cm	12	13	组织剪	18 cm	1
3	直钳	18 cm	6	14	线剪	18 cm	1
4	持针器	24 cm	2	15	刀柄	4#	2
5	持针器	18 cm	2	16	刀柄	7#	1
6	组织钳	18 cm	10	17	有齿镊	12.5 cm	2
7	蚊氏钳	12.5 cm	6	18	无齿镊	12.5 cm	1
8	布巾钳	14 cm	2	19	无齿镊	20 cm	2
9	压肠板		1	20	甲状腺拉钩		2
10	有齿卵圆钳	26 cm	1	21	腹腔拉钩		2
11	无齿卵圆钳	26 cm	1	22	S拉钩	大/小	各1

▶▶ 适用手术 ◀◀

1. 肾切除术。
2. 膀胱癌根治术。
3. 膀胱部分切除术。
4. 根治性膀胱全切除术。

§2.9.6　浅表手术器械

▶▶ 组合图谱及明细 ◀◀

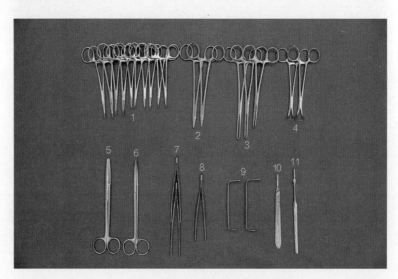

图 2-9-6　浅表手术器械

序号	名称	规格	基数	序号	名称	规格	基数
1	蚊氏钳	12.5 cm	10	7	有齿镊	12.5 cm	2
2	持针器	16/18 cm	各1	8	无齿镊	12.5 cm	1
3	组织钳	18 cm	3	9	小甲钩		2
4	布巾钳	14 cm	2	10	刀柄	4#	1
5	线剪	18 cm	1	11	刀柄	7#	1
6	薄剪	18 cm	1				

▶▶ **适用手术** ◀◀

1. 腹腔镜下肾部分切除术。
2. 腹腔镜下肾上腺切除术。
3. 精索静脉结扎术。
4. 输精管吻合术。
5. 睾丸鞘膜翻转术。
6. 附睾肿物切除术。

〔龚喜雪　贺红梅　李季鸥〕

§2.10　耳鼻咽喉科手术器械

§2.10.1　鼻中隔手术器械

▶▶ **组合图谱及明细** ◀◀

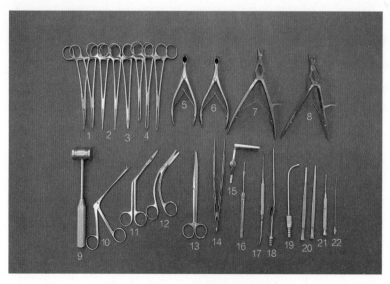

图 2-10-1　鼻中隔手术器械

序号	名称	规格	基数	序号	名称	规格	基数
1	弯钳	18 cm	2	14	枪状镊	16 cm	2
2	直钳	18 cm	2	15	鼻撑开器		1
3	持针器	18 cm	1	16	刀柄	7#	1
4	组织钳	18 cm	3	17	剥离子	双头	1
5～6	鼻镜	大/小	各1	18	吸引器	直	1
7～8	鼻咬骨钳		2	19	吸引器	弯	1
9	骨锤	220g	1	20	峨眉凿		2
10	鼻黏膜钳		1	21	骨刀	0.5 cm	1
11～12	鼻甲剪		2	22	扁桃体针头	12#	1
13	线剪	18 cm	1				

▶▶ 适用手术 ◀◀

1. 鼻中隔矫正术。

2. 鼻外伤清创缝合术。

3. 鼻骨骨折整复术。

4. 下鼻甲部分切除术。

5. 筛动脉结扎术。

6. 鼻中隔软骨取骨术。

7. 鼻中隔黏膜划痕术。

8. 鼻中隔穿孔修补术。

9. 鼻中隔脓肿切开引流术。

10. 鼻中隔血肿切开引流术。

§2.10.2　鼻窦镜手术器械

▶▶ **组合图谱及明细** ◀◀

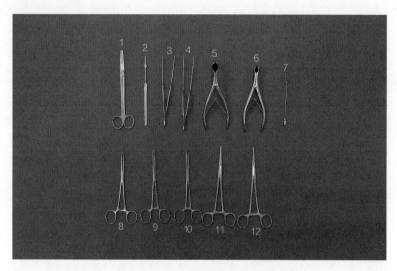

图 2-10-2　鼻窦镜手术器械

序号	名称	规格	基数	序号	名称	规格	基数
1	线剪	18 cm	1	7	扁桃体针头	12#	1
2	刀柄	7#	1	8～10	组织钳	18 cm	3
3～4	枪状镊	14 cm	2	11～12	直钳	16 cm/18 cm	各1
5～6	鼻镜	大/小	各1				

▶▶ **适用手术** ◀◀

1. 鼻息肉摘除术。
2. 鼻腔异物取出术。
3. 中鼻甲部分切除术。
4. 鼻前庭囊肿切除术。
5. 筛前神经切断术。
6. 经鼻鼻腔鼻窦肿瘤切除术。
7. 经鼻内镜鼻咽良性肿物切除术。

8．经鼻内镜鼻咽恶性肿瘤切除术。

9．经鼻内镜上颌窦手术 (额窦、筛窦、蝶窦)。

10．经鼻内镜下鼻甲黏膜下切除术。

§2.10.3　鼻窦镜手术专用器械

▶▶ **组合图谱及明细** ◀◀

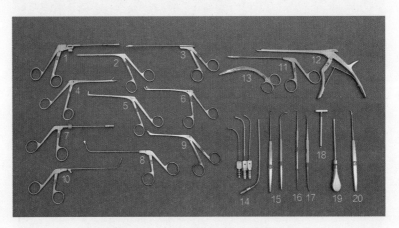

图 2-10-3　鼻窦镜手术专用器械

序号	名称	规格	基数	序号	名称	规格	基数
1	反咬钳	向右	1	11	鼻剪		1
2	活检钳	小头	1	12	咬骨钳		1
3	咬切钳		1	13	鼻剪		1
4	活检钳	大直头	1	14	吸引器	弯	4
5	鼻钳	90° 上弯	1	15	鼻窦刮勺		2
6	鼻剪	45° 上弯	1	16	探针	双头	1
7	反咬钳	向左	1	17	剥离子	双头	1
8	鼻钳	45° 上弯	1	18	穿刺套管		1
9	鼻钳	45° 上弯	1	19	穿刺套管芯		1
10	长颈钳		1	20	钩刀		1

▶▶ **适用手术** ◀◀

1. 鼻息肉摘除术。
2. 鼻腔异物取出术。
3. 中鼻甲部分切除术。
4. 鼻前庭囊肿切除术。
5. 筛前神经切断术。
6. 经鼻鼻腔鼻窦肿瘤切除术。
7. 经鼻内镜鼻咽良性肿物切除术。
8. 经鼻内镜鼻咽恶性肿瘤切除术。
9. 经鼻内镜上颌窦手术（额窦、筛窦、蝶窦）。
10. 经鼻内镜下鼻甲黏膜下切除术。

§2.10.4　STORZ 鼻窦器械

▶▶ **组合图谱及明细** ◀◀

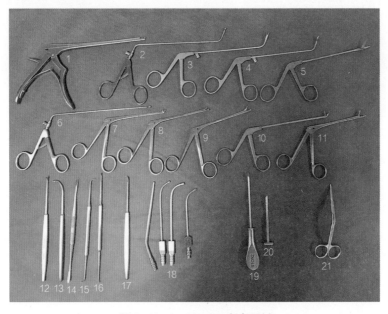

图 2-10-4　STORZ 鼻窦器械

序号	名称	规格	基数	序号	名称	规格	基数
1	咬骨钳		1	12	鼻窦刮勺		1
2	环形咬骨钳	向上	1	13	额窦刮勺		1
3	额窦钳		1	14	双头剥离子		1
4	长颈钳		1	15	双头探针		1
5	枪状剪		1	16	双头剥离子	带刻度	1
6	环形咬骨钳	向前	1	17	钩刀		1
7	微型鼻钳		1	18	吸引器	弯	4
8	鼻钳		1	19	穿刺套管芯		1
9	鼻钳		1	20	穿刺套管		1
10	鼻钳	向上	1	21	剪刀	弯柄	1
11	鼻钳		1				

▶▶ 适用手术 ◀◀

1. 鼻息肉摘除术。

2. 鼻腔异物取出术。

3. 中鼻甲部分切除术。

4. 鼻前庭囊肿切除术。

5. 筛前神经切断术。

6. 经鼻鼻腔鼻窦肿瘤切除术。

7. 经鼻内镜鼻咽良性肿物切除术。

8. 经鼻内镜鼻咽恶性肿瘤切除术。

9. 经鼻内镜上颌窦手术（额窦、筛窦、蝶窦）。

10. 经鼻内镜下鼻甲黏膜下切除术。

§2.10.5 STORZ 专用鼻窦器械

▶▶ **组合图谱及明细** ◀◀

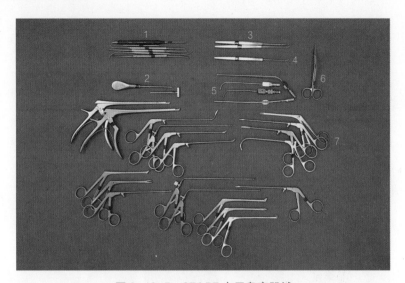

图 2-10-5 STORZ 专用鼻窦器械

序号	名称	基数	序号	名称	基数
1	剥离子	6	5	吸引器	4
2	穿刺套管及芯	2	6	鼻剪	1
3	刮勺	2	7	咬骨钳及鼻钳	19
4	钩刀	1			

▶▶ **适用手术** ◀◀

1. 鼻息肉摘除术。
2. 鼻腔异物取出术。
3. 中鼻甲部分切除术。
4. 鼻前庭囊肿切除术。
5. 筛前神经切断术。
6. 经鼻鼻腔鼻窦肿瘤切除术。

7. 经鼻内镜鼻咽良性肿物切除术。

8. 经鼻内镜鼻咽恶性肿瘤切除术。

9. 经鼻内镜上颌窦手术(额窦、筛窦、蝶窦)。

10. 经鼻内镜下鼻甲黏膜下切除术。

§2.10.6　鼻窦刨削系统

▶▶ 组合图谱及明细 ◀◀

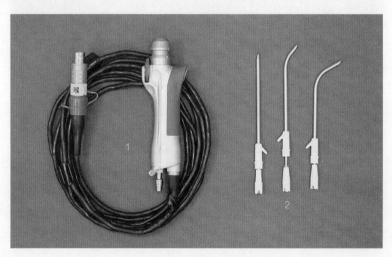

图 2-10-6　鼻窦刨削系统

序　号	名　　称	基　数
1	手柄	1
2	刨削头	3

▶▶ 适用手术 ◀◀

1. 鼻息肉摘除术。

2. 鼻前庭囊肿切除术。

3. 经鼻鼻腔鼻窦肿瘤切除术。

4. 经鼻内镜鼻咽良性肿物切除术。

5．经鼻内镜鼻咽恶性肿瘤切除术。

6．经鼻内镜上颌窦手术 (额窦、筛窦、蝶窦)。

§2.10.7　乳突基础器械

▶▶ **组合图谱及明细** ◀◀

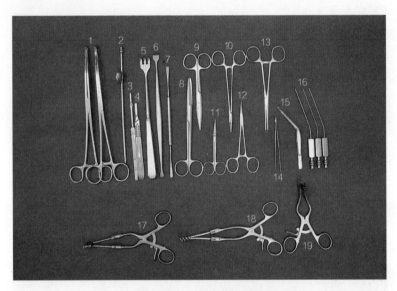

图 2-10-7　乳突基础器械

序号	名称	规格	基数	序号	名称	规格	基数
1	卵圆钳	26 cm	2	10	持针器	18 cm	1
2	吸引器	直	1	11	眼科剪	弯	1
3	刀柄	7#	1	12	蚊氏钳	12.5 cm	1
4	刀柄	4#	1	13	组织钳		1
5	三爪拉钩		1	14	眼科镊	有齿	1
6	扁桃体剥离子		1	15	角镊	60°	1
7	鼻中隔剥离子		1	16	吸引器	弯	3
8	线剪	18 cm	1	17~18	乳突拉钩	双关节	2
9	直尖剪	16 cm	1	19	乳突拉钩	单关节	1

▶▶ **适用手术** ◀◀

1. 耳廓软骨取骨术。
2. 耳道成形术。
3. 经耳内镜鼓膜修补术。
4. 镫骨撼动术。
5. 镫骨底板切除术。
6. 听骨链松解术。
7. 鼓室成形术。
8. 人工听骨听力重建术。
9. 经耳内镜鼓室探查术。
10. 乳突改良根治术。

§2.10.8 乳突手术器械

▶▶ **组合图谱及明细** ◀◀

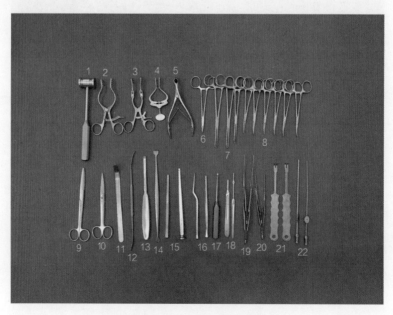

图 2-10-8 乳突手术器械

序号	名称	规格	基数	序号	名称	规格	基数
1	骨锤	220g	1	13	骨膜剥离子		1
2~4	乳突拉钩	大/中/小	各1	14	扁桃体剥离子		1
5	鼻镜		1	15	骨刀		2
6	持针器	18 cm	1	16	峨眉凿		2
7	组织钳	18 cm	3	17	刮勺		1
8	骨膜剥离子		1	18	刀柄	4#/7#	各1
9	扁桃体剥离子		1	19	枪状镊	14 cm	2
10	骨刀		2	20	齿镊	12.5 cm	2
11	峨眉凿		2	21	拉钩		2
12	刮勺		1	22	吸引器	粗/细	各1

▶▶ 适用手术 ◀◀

1. 耳廓软骨取骨术。
2. 耳道成形术。
3. 经耳内镜鼓膜修补术。
4. 镫骨撼动术。
5. 镫骨底板切除术。
6. 听骨链松解术。
7. 鼓室成形术。
8. 人工听骨听力重建术。
9. 经耳内镜鼓室探查术。
10. 乳突改良根治术。

§2.10.9 乳突专用器械

▶▶ **组合图谱及明细** ◀◀

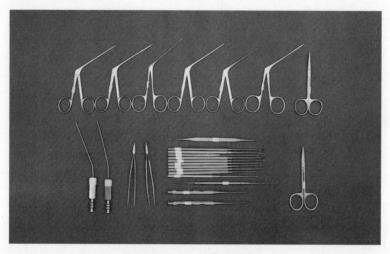

图 2-10-9 乳突专用器械

名　称	基　数
乳突器械	26

▶▶ **适用手术** ◀◀

1. 耳廓软骨取骨术。
2. 耳道成形术。
3. 经耳内镜鼓膜修补术。
4. 镫骨撼动术。
5. 镫骨底板切除术。
6. 听骨链松解术。
7. 鼓室成形术。
8. 人工听骨听力重建术。
9. 经耳内镜鼓室探查术。
10. 乳突改良根治术。

§2.10.10 耳内镜器械

▶▶ **组合图谱及明细** ◀◀

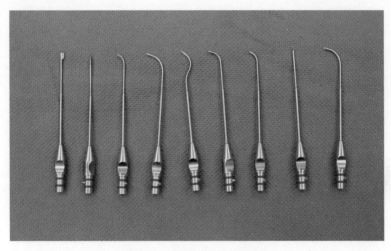

图 2-10-10 耳内镜器械

名　称	基　数
耳内镜器械	9

▶▶ **适用手术** ◀◀

1. 耳廓软骨取骨术。

2. 外耳道成形术。

3. 经耳内镜鼓膜修补术。

4. 镫骨撼动术。

5. 镫骨底板切除术。

6. 听骨链松解术。

7. 鼓室成形术。

8. 人工听骨听力重建术。

9. 经耳内镜鼓室探查术。

10. 乳突改良根治术。

§2.10.11 显微刀

▶▶ **组合图谱及明细** ◀◀

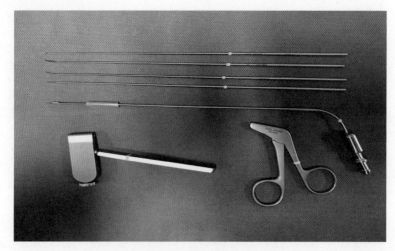

图 2-10-11 显微刀

名　称	基　数
显微刀	7

▶▶ **适用手术** ◀◀

1. 支撑喉镜下喉良性肿瘤切除术。
2. 支撑喉镜下咽良性肿瘤切除术。
3. 咽良性肿瘤切除术。
4. 支撑喉镜下难治性呼吸道乳头瘤切除术。
5. 经支撑喉镜激光喉瘢痕切除术。
6. 经支撑喉镜激光梨状窝肿物切除术。
7. 经支撑喉镜激光舌根肿物切除术。
8. 经支撑喉镜激光咽旁肿物切除术。
9. 经支撑喉镜激光声带肿物切除术。
10. 会厌良性肿瘤切除术。

§2.10.12 中耳乳突器械 1 号

▶▶ 组合图谱及明细 ◀◀

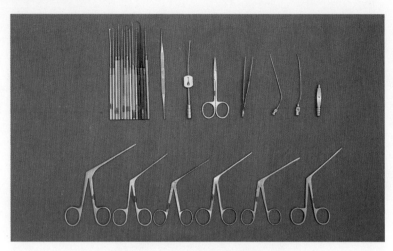

图 2-10-12 中耳乳突器械 1 号

名 称	基 数
中耳乳突器械	27

▶▶ 适用手术 ◀◀

1. 耳廓软骨取骨术。
2. 外耳道成形术。
3. 经耳内镜鼓膜修补术。
4. 镫骨撼动术。
5. 镫骨底板切除术。
6. 听骨链松解术。
7. 鼓室成形术。
8. 人工听骨听力重建术。
9. 经耳内镜鼓室探查术。
10. 乳突改良根治术。

§2.10.13　中耳乳突器械 2 号

▶▶ **组合图谱及明细** ◀◀

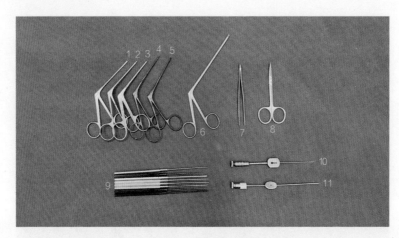

图 2-10-13　中耳乳突器械 2 号

序号	名称	基数	序号	名称	基数
1~6	耳钳	6	9	耳针	8
7	眼科镊	1	10~11	吸引器	2
8	眼科剪	1			

▶▶ **适用手术** ◀◀

1. 耳廓软骨取骨术。
2. 外耳道成形术。
3. 经耳内镜鼓膜修补术。
4. 镫骨撼动术。
5. 镫骨底板切除术。
6. 听骨链松解术。
7. 鼓室成形术。
8. 人工听骨听力重建术。
9. 经耳内镜鼓室探查术。
10. 乳突改良根治术。

§2.10.14　中耳乳突器械 3 号

▶▶ 组合图谱及明细 ◀◀

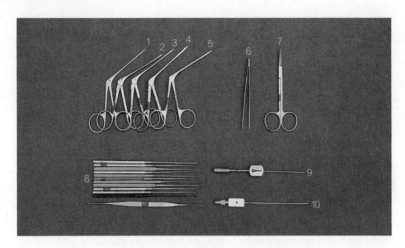

图 2-10-14　中耳乳突器械 3 号

序号	名称	基数	序号	名称	基数
1～5	耳钳	5	8	耳针	12
6	眼科镊	1	9～10	吸引器	2
7	眼科剪	1			

▶▶ 适用手术 ◀◀

1. 耳廓软骨取骨术。
2. 外耳道成形术。
3. 经耳内镜鼓膜修补术。
4. 镫骨撼动术。
5. 镫骨底板切除术。
6. 听骨链松解术。
7. 鼓室成形术。
8. 人工听骨听力重建术。
9. 经耳内镜鼓室探查术。

10. 乳突改良根治术。

§2.10.15　耳镫骨器械

▶▶ **组合图谱及明细** ◀◀

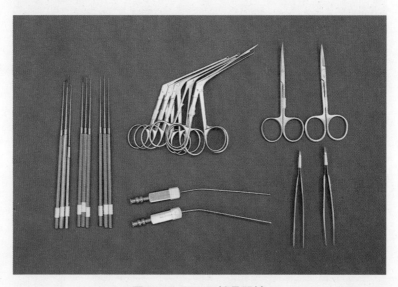

图 2-10-15　耳镫骨器械

名　称	基　数
耳镫骨器械	21

▶▶ **适用手术** ◀◀

1. 耳廓软骨取骨术。
2. 外耳道成形术。
3. 经耳内镜鼓膜修补术。
4. 镫骨撼动术。
5. 镫骨底板切除术。
6. 听骨链松解术。
7. 鼓室成形术。
8. 人工听骨听力重建术。

9. 经耳内镜鼓室探查术。

10. 乳突改良根治术。

§2.10.16　耳显微器械

组合图谱及明细

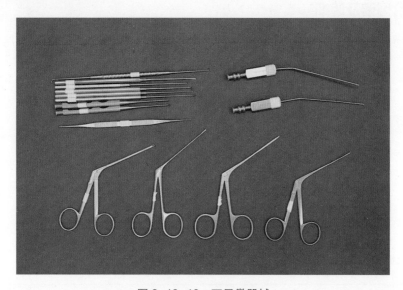

图 2-10-16　耳显微器械

名　称	基　数
耳显微器械	15

适用手术

1. 耳廓软骨取骨术。

2. 外耳道成形术。

3. 经耳内镜鼓膜修补术。

4. 镫骨撼动术。

5. 镫骨底板切除术。

6. 听骨链松解术。

7. 鼓室成形术。

8. 人工听骨听力重建术。

9. 经耳内镜鼓室探查术。

10. 乳突改良根治术。

§2.10.17 耳内镜器械

▶▶ **组合图谱及明细** ◀◀

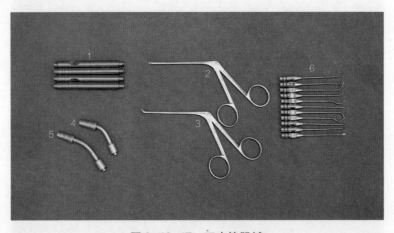

图 2-10-17 耳内镜器械

序号	名称	基数	序号	名称	基数
1	蓝手柄	4	4~5	弯接头	2
2~3	枪状活检钳	2	6	银刀头	11

▶▶ **适用手术** ◀◀

1. 耳廓软骨取骨术。

2. 外耳道成形术。

3. 经耳内镜鼓膜修补术。

4. 镫骨撼动术。

5. 镫骨底板切除术。

6. 听骨链松解术。

7. 鼓室成形术。

8. 人工听骨听力重建术。

9. 经耳内镜鼓室探查术。

10. 乳突改良根治术。

§2.10.18　STORZ 耳显微器械 1 号

▶▶ **组合图谱及明细** ◀◀

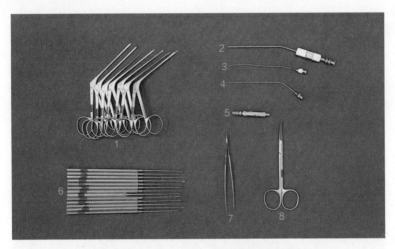

图 2-10-18　STORZ 耳显微器械 1 号

序号	名称	基数	序号	名称	基数
1	耳钳	7	6	耳针	13
2~4	吸引器	3	7	眼科镊	1
5	连接头	1	8	眼科弯剪	1

▶▶ **适用手术** ◀◀

1. 耳廓软骨取骨术。

2. 外耳道成形术。

3. 经耳内镜鼓膜修补术。

4. 镫骨撼动术。

5. 镫骨底板切除术。

6. 听骨链松解术。

7. 鼓室成形术。

8. 人工听骨听力重建术。

9. 经耳内镜鼓室探查术。

10. 乳突改良根治术。

§2.10.19　STORZ 耳显微器械 2 号

▶▶ **组合图谱及明细** ◀◀

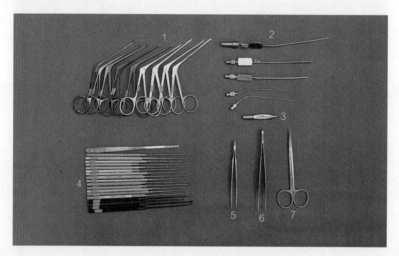

图 2-10-19　STORZ 耳显微器械 2 号

序号	名称	基数	序号	名称	基数
1	耳钳	9	5	眼科镊	1
2	吸引器	5	6	显微镊	1
3	连接头	1	7	眼科弯剪	1
4	剥离子/耳针	19			

▶▶ **适用手术** ◀◀

1. 耳廓软骨取骨术。

2. 外耳道成形术。

3. 经耳内镜鼓膜修补术。

4. 镫骨撼动术。

5. 镫骨底板切除术。

6. 听骨链松解术。

7. 鼓室成形术。

8. 人工听骨听力重建术。

9. 经耳内镜鼓室探查术。

10. 乳突改良根治术。

§2.10.20　扁桃体剥离器械

▶▶ **组合图谱及明细** ◀◀

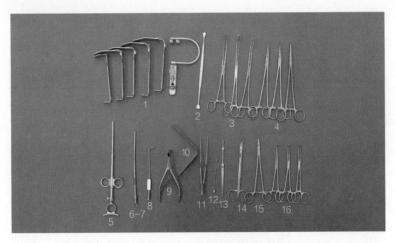

图 2-10-20　扁桃体剥离器械

序号	名称	规格	基数	序号	名称	规格	基数
1	开口器6件	1#～5#	1套	6	粗头吸引器	长	1
2	扁桃体剥离子	双头	1	7	通条		1
3	扁桃体钳	20 cm	3	9	鼻镜		1
4	直角钳	18 cm	3	10	压舌板		1
5	圈套器		1	11	枪状镊	16 cm	1

续表

序号	名称	规格	基数	序号	名称	规格	基数
12	扁桃体针头	12#	1	15	持针器	18 cm	1
13	刀柄	7#	1	16	组织钳	18 cm	3
14	扁桃体剪	18 cm	1				

▶▶ **适用手术** ◀◀

1. 扁桃体切除术。
2. 扁桃体残体切除术。
3. 腺样体刮除术。
4. 扁桃体单纯穿刺活检术。
5. 腺样体切除术。
6. 腭咽成形术。

§2.10.21　等离子扁桃体器械

▶▶ **组合图谱及明细** ◀◀

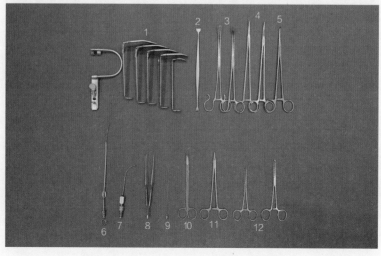

图 2-10-21　等离子扁桃体器械

序号	名称	规格	基数	序号	名称	规格	基数
1	开口器6件	1#~5#	1套	7	弯头吸引器	短	1
2	扁桃体剥离子	双头	1	8	枪状镊	16 cm	1
3	扁桃体钳	20 cm	2	9	扁桃体针头	12#	1
4	分离钳	24 cm	2	10	扁桃体剪	18 cm	1
5	直角钳	18 cm	1	11	持针器	18 cm	1
6	粗头吸引器	长	1	12	组织钳	18 cm	2

▶▶ 适用手术 ◀◀

1. 扁桃体切除术。
2. 扁桃体残体切除术。
3. 腺样体刮除术。
4. 扁桃体单纯穿刺活检术。
5. 腺样体切除术。
6. 腭咽成形术。

§2.10.22　支撑喉缝合器械

▶▶ 组合图谱及明细 ◀◀

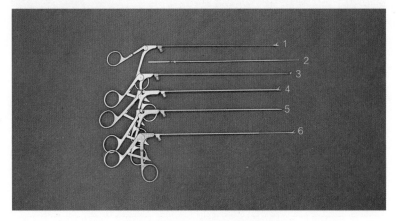

图 2-10-22　支撑喉缝合器械

序　号	名　称	规　格	基　数
1	剪刀		1
2	打结器		1
3~6	持针器	直粗、直细、左弯、右弯	各1

▶▶ **适用手术** ◀◀

1．喉裂开声带切除术。

2．喉裂开肿瘤切除术。

§2.10.23　支撑喉手术器械

▶▶ **组合图谱及明细** ◀◀

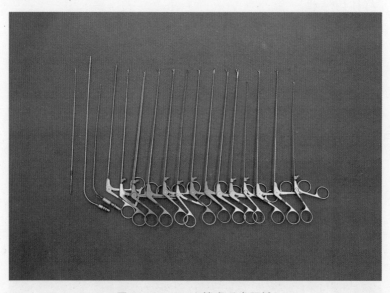

图 2-10-23　支撑喉手术器械

名　称	基　数
支撑喉器械	17

▶▶ **适用手术** ◀◀

1. 支撑喉镜下喉良性肿瘤切除术。
2. 咽良性肿瘤切除术。
3. 支撑喉镜下难治性呼吸道乳头瘤切除术。
4. 经支撑喉镜激光喉瘢痕切除术。
5. 经支撑喉镜激光梨状窝肿物切除术。
6. 经支撑喉镜激光舌根肿物切除术。
7. 经支撑喉镜激光咽旁肿物切除术。
8. 经支撑喉镜激光声带肿物切除术。
9. 会厌良性肿瘤切除术。

§2.10.24　气管异物取出镜头

▶▶ **组合图谱及明细** ◀◀

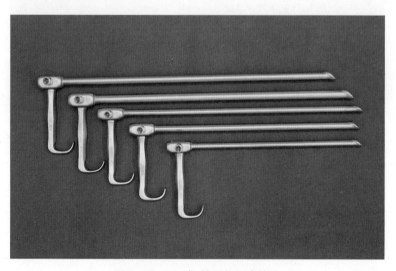

图 2-10-24　气管异物取出镜头

名　称	基　数
气管异物取出镜头	5

▶▶ **适用手术** ◀◀

1. 口咽部取异物。
2. 喉咽部取异物。

§2.10.25 气管异物取出器械

▶▶ **组合图谱及明细** ◀◀

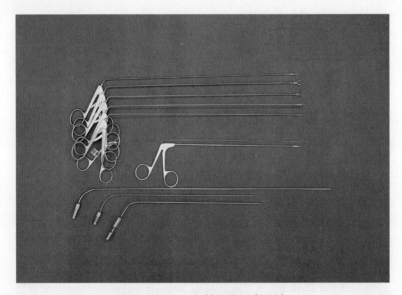

图 2-10-25 气管异物取出器械

名　称	基　数
气管异物取出器械	10

▶▶ **适用手术** ◀◀

1. 口咽部取异物。
2. 喉咽部取异物。

§2.10.26　喉癌手术专用器械

▶▶ 组合图谱及明细 ◀◀

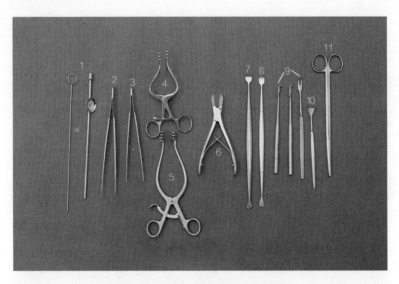

图 2-10-26　喉癌手术专用器械

序号	名称	规格	基数	序号	名称	规格	基数
1	吸引器及通条	20 cm	2	7~8	扁桃体剥离子	双头	2
2~3	无损伤镊	20 cm	2	9	小扒钩	双钩	3
4~5	乳突拉钩	大/小	2	10	血管拉钩		1
6	舌骨剪		1	11	薄剪	18 cm	1

▶▶ 适用手术 ◀◀

1. 喉全切除术。
2. 喉全切除术后发音管安装术。
3. 喉功能重建术。
4. 全喉切除咽气管吻合术。
5. 喉次全切除术。
6. 3/4 喉切除术及喉功能重建术。

7. 垂直半喉切除术及喉功能重建术。

8. 垂直超半喉切除术及喉功能重建术。

9. 声门上水平喉切除术。

§2.10.27　耳颅底器械

▶▶ **组合图谱及明细** ◀◀

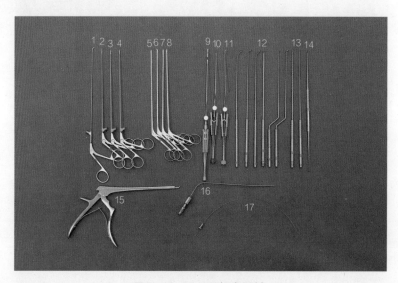

图 2-10-27　耳颅底器械

序号	名称	基数	序号	名称	基数
1~4	枪状剪	4	14	剥离片	1
5~8	活检钳	4	15	椎板咬骨钳	1
9~11	夹持器	3	16	吸引器	1
12	刮圈	6	17	通条	1
13	刮勺	2			

▶▶ **适用手术** ◀◀

1. 耳颞部血管瘤切除术。

2. 经耳脑脊液耳漏修补术。

3. 经前庭窗迷路破坏术。

4. 迷路后听神经瘤切除术。

5. 经迷路听神经瘤切除术。

6. 颞骨部分切除术。

7. 颞骨次全切除术。

8. 颞骨全切术。

§2.10.28　颅底器械

▶▶ 组合图谱及明细 ◀◀

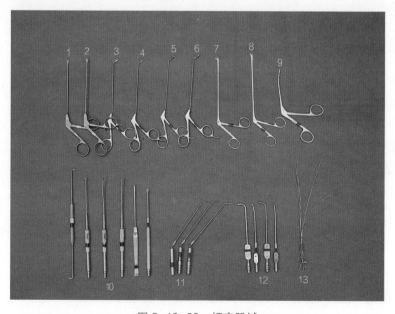

图 2-10-28　颅底器械

序号	名称	基数	序号	名称	基数
1~9	枪状操作钳	9	12	弯头吸引器	4
10	剥离子	6	13	吸引器芯	5
11	60° 吸引器	3			

▶▶ 适用手术 ◀◀

1. 耳颞部血管瘤切除术。
2. 经耳脑脊液耳漏修补术。
3. 经前庭窗迷路破坏术。
4. 迷路后听神经瘤切除术。
5. 经迷路听神经瘤切除术。
6. 颞骨部分切除术。
7. 颞骨次全切除术。
8. 颞骨全切术。

§2.10.29　颅底磨钻

▶▶ 组合图谱及明细 ◀◀

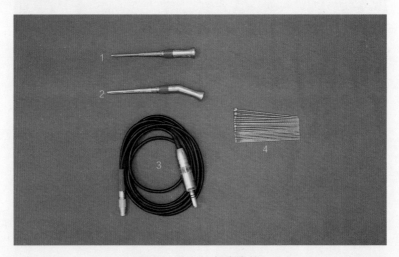

图 2-10-29　颅底磨钻

序　号	名　称	规　格	基　数
1～2	附件	带卡扣	2
3	手柄		1
4	磨头	金色6/银色12	18

▶▶ **适用手术** ◀◀

1. 耳颞部血管瘤切除术。
2. 经耳脑脊液耳漏修补术。
3. 经前庭窗迷路破坏术。
4. 迷路后听神经瘤切除术。
5. 经迷路听神经瘤切除术。
6. 颞骨部分切除术。
7. 颞骨次全切除术。
8. 颞骨全切术。

〔钮敏红 陈 晖 王美华〕

§2.11 口腔颌面外科手术器械

§2.11.1 唇裂修复手术器械

▶▶ **组合图谱及明细** ◀◀

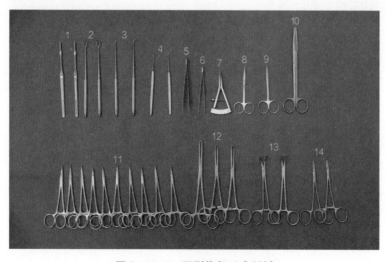

图 2-11-1 唇裂修复手术器械

序号	名称	规格	基数	序号	名称	规格	基数
1	刀柄	7#	2	8	眼科剪	弯	1
2	双钩	大	2	9	眼科剪	直	1
3	单钩	小	2	10	线剪	18 cm	1
4	双钩	小	2	11	蚊氏钳	12.5 cm	10
5	美容镊	有齿	1	12	组织钳	18 cm	3
6	眼科镊	有齿	1	13	巾钳	14 cm	2
7	卡尺		1	14	持针器	14 cm/金	2

▶▶ **适用手术** ◀◀

1. 唇裂修补术。
2. 唇裂术后鼻畸形矫正术。
3. 唇畸形矫正术。
4. 唇部肿物切除术。

§2.11.2　颞颌关节镜手术器械

▶▶ **组合图谱及明细** ◀◀

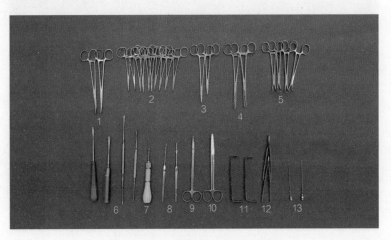

图 2-11-2　颞颌关节镜手术器械

序号	名称	规格	基数	序号	名称	规格	基数
1	弯钳	16 cm	2	8	刀柄	7#	2
2	蚊氏钳	12.5 cm	10	9	薄剪	18 cm	1
3	持针器	18/16 cm	各1	10	线剪	18 cm	1
4	组织钳	18 cm	3	11	小拉钩		2
5	布巾钳	14 cm	4	12	有齿镊	12.5 cm	2
6	剥离子		4	13	腰穿针及针芯	12#	2
7	锚固螺丝刀		1				

▶▶ 适用手术 ◀◀

1. 开放性颞颌关节盘手术。
2. 颞颌关节镜手术。

§2.11.3　腭裂手术器械

▶▶ 组合图谱及明细 ◀◀

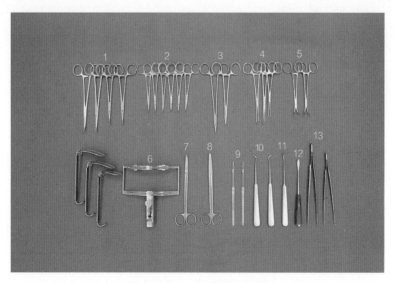

图 2-11-3　腭裂手术器械

序号	名称	规格	基数	序号	名称	规格	基数
1	弯钳	16 cm	4	8	线剪	18 cm	1
2	蚊氏钳	12.5 cm	6	9	刀柄	7#	2
3	持针器	14/16 cm	2	10	口腔黏膜剥离子	左、右	各1
4	组织钳	16 cm	3	11	鼻腔黏膜剥离子		1
5	布巾钳	14 cm	2	12	骨膜剥离子		1
6	腭裂拉钩		4	13	无损伤镊	18/16 cm	各1
7	薄剪	18 cm	1				

▶▶ **适用手术** ◀◀

1. 腭裂修补术。
2. 腭瘘修补术。
3. 腭部肿物切除术。

§2.11.4　颌骨手术器械

▶▶ **组合图谱及明细** ◀◀

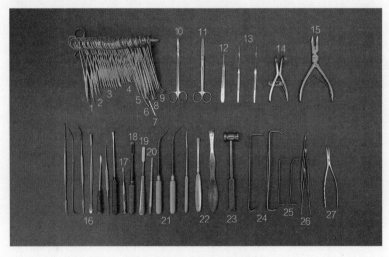

图 2-11-4　颌骨手术器械

序号	名称	规格	基数	序号	名称	规格	基数
1	弯钳	16 cm	4	15	咬骨钳	双关节	1
2	蚊氏钳	12.5 cm	6	16	剥离子		7
3	弯钳	14 cm	10	17	精细骨刀	宽	1
4	蚊氏钳	12.5 cm	10	18	骨刀		1
5	持针器	18 cm	2	19	骨挫		1
6	扣扣钳	16 cm	2	20	峨眉凿		1
7	头皮夹钳		2	21	刮勺		2
8	组织钳	18 cm	3	22	剥离子		3
9	布巾钳	14 cm	2	23	骨锤	220 g	1
10	薄剪	18 cm	1	24	甲状腺拉钩		2
11	线剪	18 cm	1	25	小甲钩		2
12	刀柄	4#	1	26	组织镊	有/无齿	2/1
13	刀柄	7#	2	27	持骨钳		1
14	开口器		1				

▶▶ 适用手术 ◀◀

1. 颌骨良性病变切除术。
2. 颌骨囊肿切除（开窗）术。
3. 复杂牙拔除术。
4. 颌骨骨折切开复位内固定术。
5. 舌恶性肿物切除术。
6. 自体骨取骨鼻畸形整形术。
7. 颧骨骨折切开复位内固定术。
8. 颏成形术。
9. 正颌手术。
10. 舌下腺切除术。

§2.11.5 腮腺手术器械

▶▶ **组合图谱及明细** ◀◀

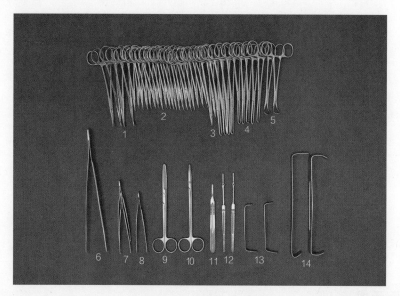

图 2-11-5 腮腺手术器械

序号	名称	规格	基数	序号	名称	规格	基数
1	弯钳	16 cm	4	8	无齿镊	12.5 cm	1
2	蚊氏钳	12.5 cm	20	9	线剪	18 cm	1
3	持针器	16 cm	2	10	薄剪	18 cm	1
4	组织钳	18 cm	10	11	刀柄	4#	1
5	布巾钳	14 cm	2	12	刀柄	7#	2
6	无齿镊	20 cm	1	13	小甲钩		2
7	有齿镊	12.5 cm	2	14	甲状腺拉钩		2

▶▶ **适用手术** ◀◀

1. 腮腺区肿物切除术。
2. 腮腺全切除术。

3. 颌下腺切除术。

4. 颈淋巴结清扫术。

§2.11.6　口腔涎腺镜器械

▶▶ 组合图谱及明细 ◀◀

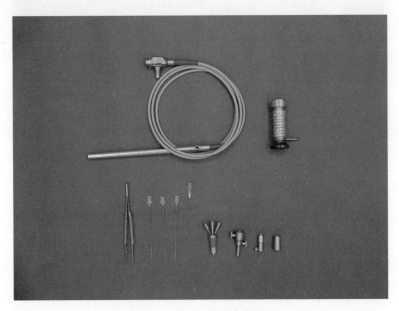

图 2-11-6　口腔涎腺镜器械

名　称	基　数
涎腺镜器械	11

▶▶ 适用手术 ◀◀

1. 涎腺导管结石取石术。

2. 涎腺导管探查术。

3. 涎腺导管冲洗术。

§2.11.7　口腔超声骨刀

▶▶ **组合图谱及明细** ◀◀

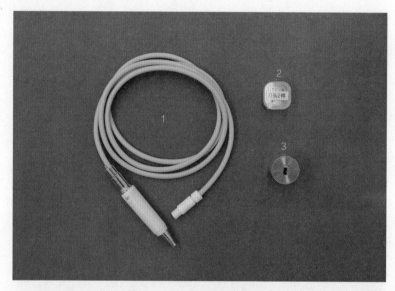

图 2-11-7　口腔超声骨刀

序　号	名　称	基　数
1	连接线	1
2	刀头	2
3	钥匙	1

▶▶ **适用手术** ◀◀

复杂牙拔除术。

§2.11.8 口腔拉钩

▶▶ 组合图谱及明细 ◀◀

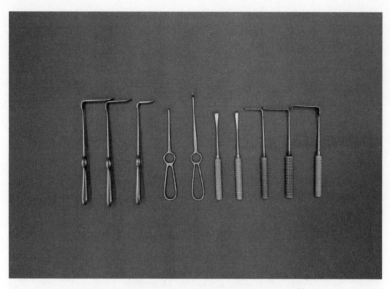

图 2-11-8 口腔拉钩

名　称	基　数
口腔拉钩	10

▶▶ 适用手术 ◀◀

1. 正颌手术。
2. 颌骨骨折手术。

§2.11.9　上颌双颌拉钩

▶▶ **组合图谱及明细** ◀◀

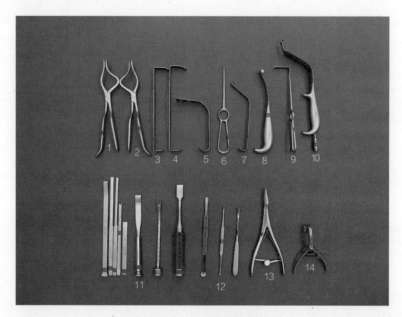

图 2-11-9　上颌双颌拉钩

序号	名称	基数	序号	名称	基数
1~2	撑开器	2	11	骨凿	8
3~4	甲状腺拉钩	2	12	剥离子	3
5	压舌板	1	13	牵开器	1
6~10	拉钩	5	14	侧开口器	1

▶▶ **适用手术** ◀◀

正颌手术。

§2.11.10　正颌下颌整形器械

▶▶ 组合图谱及明细 ◀◀

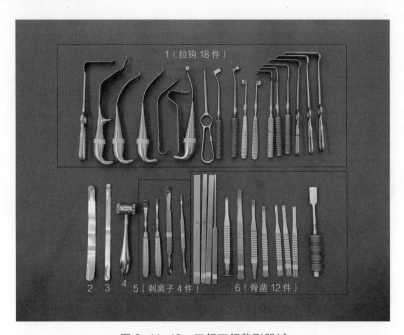

图 2-11-10　正颌下颌整形器械

序号	名称	基数	序号	名称	基数
1	拉钩	18	5	剥离子	4
2~3	压舌板	2	6	骨凿	12
4	骨锤	1			

▶▶ 适用手术 ◀◀

1. 正颌手术。
2. 颏成形术。

§2.11.11　拔牙包

▶▶ **组合图谱及明细** ◀◀

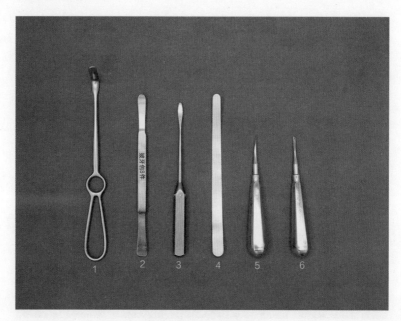

图 2-11-11　拔牙包

序号	名称	基数	序号	名称	基数
1	拉钩	1	4	压舌板	1
2~3	剥离子	2	5~6	牙挺	2

▶▶ **适用手术** ◀◀

复杂牙拔除术。

§2.11.12　复杂牙拔牙包

▶▶ **组合图谱及明细** ◀◀

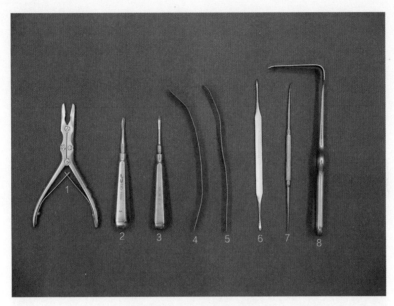

图 2-11-12　复杂牙拔牙包

序号	名称	基数	序号	名称	基数
1	咬骨钳	1	6~7	剥离子	2
2~3	牙挺	2	8	拉钩	1
4~5	压舌板	2			

▶▶ **适用手术** ◀◀

复杂牙拔除术。

§2.11.13　眼科基础器械

▶▶ **组合图谱及明细** ◀◀

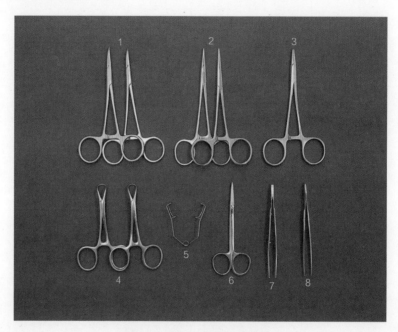

图 2-11-13　眼科基础器械

序号	名称	规格	基数		序号	名称	规格	基数
1	弯止血钳	12.5 cm	2		5	开睑器	4 cm	1
2	直止血钳	12.5 cm	2		6	眼科直尖剪	11 cm	1
3	持针器	12.5 cm	1		7	眼科有齿镊	10 cm	1
4	布巾钳	9 cm	2		8	眼科无齿镊	10 cm	1

▶▶ **适用手术** ◀◀

1. 眼科基本手术。
2. 玻璃体切除术。

§2.11.14 白内障显微器械

▶▶ **组合图谱及明细** ◀◀

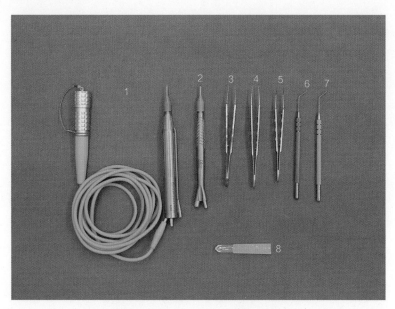

图 2-11-14 白内障显微器械

序号	名称	规格	基数	序号	名称	规格	基数
1	超乳手柄		1	5	撕囊镊	11 cm	1
2	IA手柄		1	6	晶体定位钩	12 cm	1
3	显微有齿镊	11 cm	1	7	南式钩	12 cm	1
4	显微无齿镊	11 cm	1	8	硅胶帽	6 cm	1

▶▶ **适用手术** ◀◀

白内障超声乳化摘除术。

§2.11.15 眼睑器械

▶▶ **组合图谱及明细** ◀◀

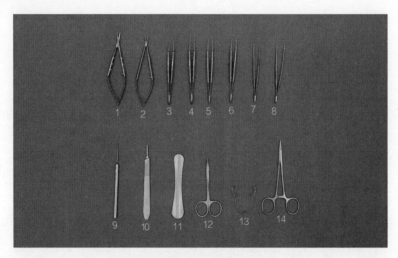

图 2-11-15 眼睑器械

序号	名称	规格	基数	序号	名称	规格	基数
1	显微角膜剪	14 cm	1	9	斜视钩	12.5 cm	1
2	显微持针钳	14 cm	1	10	刀柄	12.5 cm	1
3~4	显微有齿镊	11 cm	2	11	睑板	11 cm	1
5~6	显微无齿镊	11 cm	2	12	弯眼科剪	10 cm	1
7	眼科无齿镊	10 cm	1	13	开睑器	4 cm	1
8	眼科有齿镊	10 cm	1	14	持针器	12.5 cm	1

▶▶ **适用手术** ◀◀

1. 眼睑肿物切除术。
2. 翼状胬肉切除术。
3. 斜视矫正术。
4. 睑内翻矫正术。

〔龚喜雪　陈　浩　卢梅芳〕

§2.12 综合动力系统器械

§2.12.1 史赛克大骨电钻

▶▶ 组合图谱及明细 ◀◀

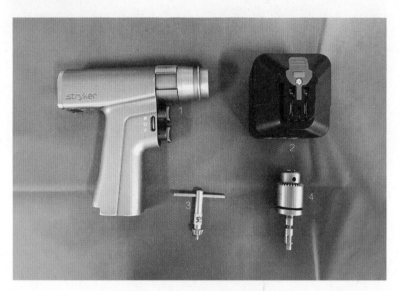

图 2-12-1 史塞克大骨电钻

序　号	名　称	基　数
1	电钻手柄	1
2	电池	1
3	钥匙	1
4	钻头	1

▶▶ 适用手术 ◀◀

1. 各类骨折切开复位内固定术。
2. 各类关节镜手术。
3. 各类关节置换手术。

§2.12.2　AO 轻便电钻

▶▶ **组合图谱及明细** ◀◀

图 2-12-2　AO 轻便电钻

序号	名称	基数	序号	名称	基数
1	电池盒	1	4	钻头	1
2	电钻手柄	1	5	钥匙	1
3	电池后盖	1			

▶▶ **适用手术** ◀◀

1. 各类骨折切开复位内固定术。
2. 各类关节镜手术。
3. 各类骨折翻修手术。

§2.12.3　康美大骨动力钻

▶▶ 组合图谱及明细 ◀◀

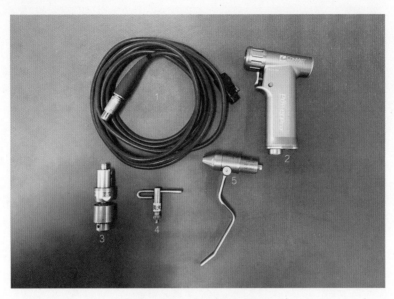

图 2-12-3　康美大骨动力钻

序号	名称	基数	序号	名称	基数
1	连接线	1	4	钥匙	1
2	手柄	1	5	克氏针钻头	1
3	钻头	1			

▶▶ 适用手术 ◀◀

1. 各类骨折切开复位内固定术。
2. 各类骨折翻修手术。

§2.12.4　史赛克电钻

▶▶ 组合图谱及明细 ◀◀

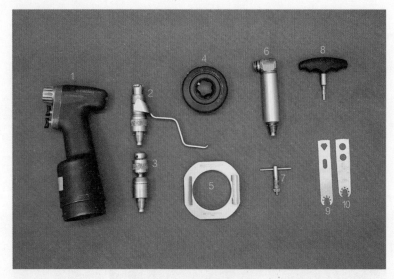

图 2-12-4　史赛克电钻

序号	名称	基数	序号	名称	基数
1	电钻手柄	1	6	摆锯头	1
2	克氏针钻头	1	7	钥匙	1
3	钻头	1	8	T型手柄	1
4	电池后盖	1	9~10	摆锯片	2
5	电池保护盖	1			

▶▶ 适用手术 ◀◀

1. 各类骨折切开复位内固定术。
2. 各类关节置换手术。
3. 各类关节翻修手术。
4. 各类截骨手术。

§2.12.5 康美电钻

▶▶ 组合图谱及明细 ◀◀

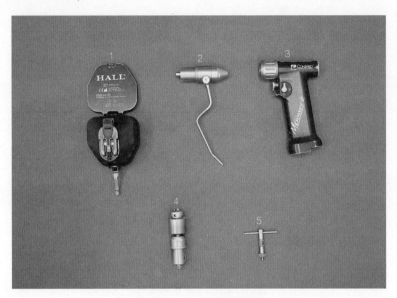

图 2-12-5 康美电钻

序号	名称	基数	序号	名称	基数
1	电池盒	1	4	钻头	1
2	克氏针钻头	1	5	钥匙	1
3	手柄	1			

▶▶ 适用手术 ◀◀

1. 各类骨折切开复位内固定术。
2. 各类骨折翻修手术。
3. 各类关节镜手术。

§2.12.6 史赛克磨钻

▶▶ 组合图谱及明细 ◀◀

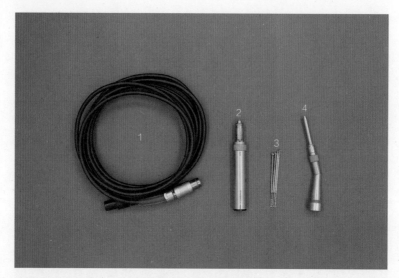

图 2-12-6 史赛克磨钻

序　号	名　　称	基　数
1	连接线	1
2	马达	1
3	磨头	4
4	附件	1

▶▶ 适用手术 ◀◀

1. 各类骨赘磨除手术。
2. 颈椎后路单开门椎板成形术。

§2.12.7 康美磨钻（骨肿瘤外科）

▶▶ **组合图谱及明细** ◀◀

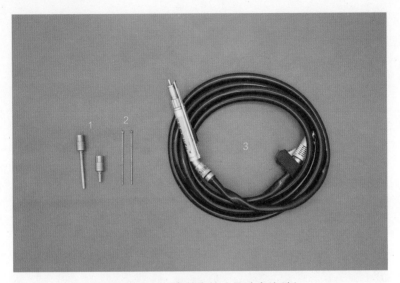

图 2-12-7 康美磨钻（骨肿瘤外科）

序 号	名 称	基 数
1	附件	2
2	磨头	2
3	连接线	1

▶▶ **适用手术** ◀◀

1. 各类骨肿瘤手术。
2. 颈椎后路单开门椎板成形术。

§2.12.8　史赛克胸骨锯（胸外科）

▶▶ **组合图谱及明细** ◀◀

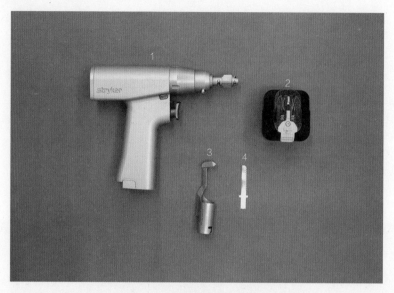

图 2-12-8　史赛克胸骨锯（胸外科）

序　号	名　称	基　数
1	手柄主机	1
2	电池	1
3	锯片保护鞘	1
4	锯片	1

▶▶ **适用手术** ◀◀

适用于正中劈胸骨各类心胸手术。

§2.12.9　国产摆锯（骨肿瘤外科）

▶▶ 组合图谱及明细 ◀◀

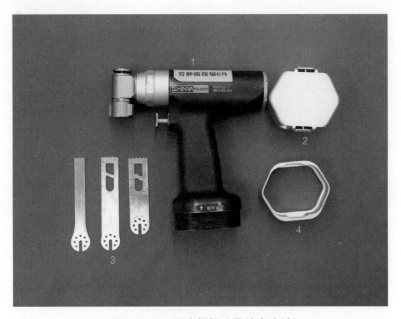

图 2-12-9　国产摆锯（骨肿瘤外科）

序　号	名　称	基　数
1	摆锯手柄	1
2	后盖	1
3	锯片	3
4	保护盖	1

▶▶ 适用手术 ◀◀

1. 各类关节置换手术。
2. 各类截骨矫形术。

§2.12.10　国产电钻（骨肿瘤外科）

▶▶ **组合图谱及明细** ◀◀

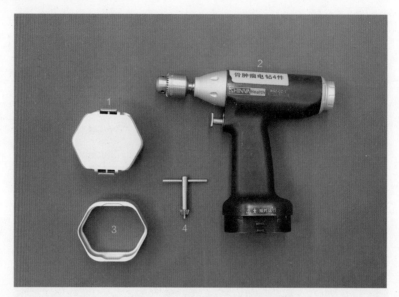

图 2-12-10　国产电钻（骨肿瘤外科）

序　号	名　称	基　数
1	后盖	1
2	电钻手柄	1
3	保护盖	1
4	钥匙	1

▶▶ **适用手术** ◀◀

1. 各类骨折切开复位内固定术。
2. 各类关节置换手术。

§2.12.11　气动矢状锯（周围神经手足外科）

▶▶ 组合图谱及明细 ◀◀

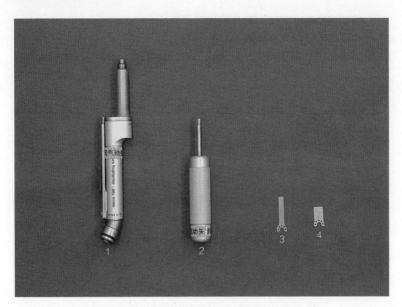

图 2-12-11　气动矢状锯（周围神经手足外科）

序　号	名　称	基　数
1	手柄	1
2	螺丝刀	1
3~4	锯片	2

▶▶ 适用手术 ◀◀

手足各类截骨矫形手术。

§2.12.12　气动摆锯（周围神经手足外科）

▶▶ 组合图谱及明细 ◀◀

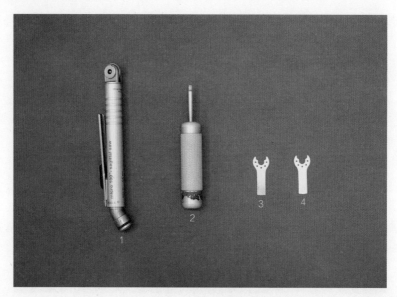

图 2-12-12　气动摆锯（周围神经手足外科）

序　号	名　称	基　数
1	手柄	1
2	螺丝刀	1
3～4	锯片	2

▶▶ 适用手术 ◀◀

手足各类截骨矫形手术。

§2.12.13　气动磨钻（周围神经手足外科）

▶▶ 组合图谱及明细 ◀◀

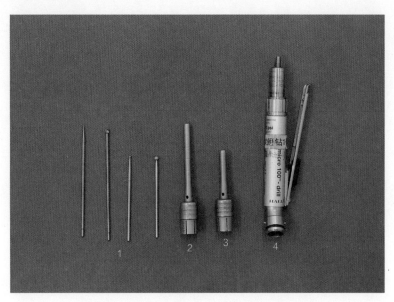

图 2-12-13　气动磨钻（周围神经手足外科）

序　号	名　称	基　数
1	磨头	4
2～3	附件	2
4	手柄	1

▶▶ 适用手术 ◀◀

各类骨赘、病损磨除手术。

§2.12.14　气动往复锯（周围神经手足外科）

▶▶ 组合图谱及明细 ◀◀

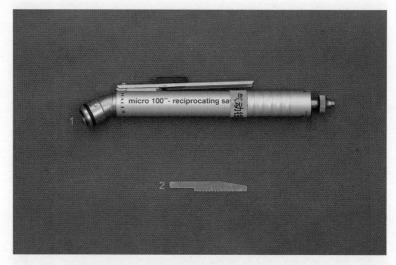

图 2-12-14　气动往复锯（周围神经手足外科）

序　号	名　称	基　数
1	手柄	1
2	锯片	1

▶▶ 适用手术 ◀◀

手足各类截骨手术。

§2.12.15 气动克氏针枪（周围神经手足外科）

▶▶ 组合图谱及明细 ◀◀

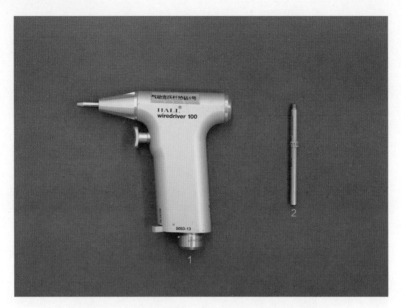

图 2-12-15 气动克氏针枪（周围神经手足外科）

序　号	名　称	基　数
1	手柄	1
2	附件	1

▶▶ 适用手术 ◀◀

手足各类骨折切开复位内固定术。

§2.12.16　气动连接管（周围神经手足外科）

▶▶ **组合图谱及明细** ◀◀

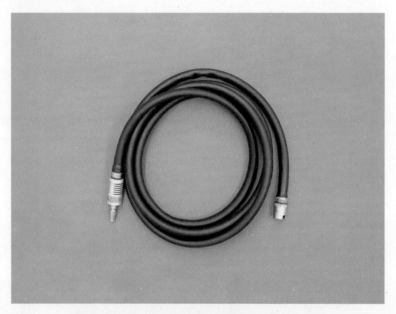

图 2-12-16　气动连接管（周围神经手足外科）

名　称	基　数
连接管	1

▶▶ **适用手术** ◀◀

配合气动动力系统（钻、锯、磨等）使用。

§2.12.17 康美摆锯（创伤骨科）

▶▶ 组合图谱及明细 ◀◀

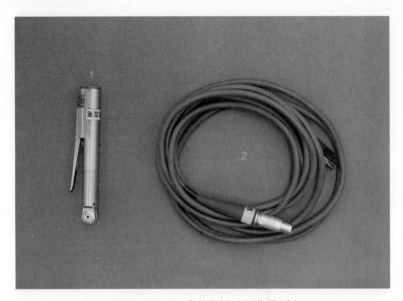

图 2-12-17　康美摆锯（创伤骨科）

序　号	名　称	基　数
1	手柄	1
2	连接线	1

▶▶ 适用手术 ◀◀

1. 各类截骨矫形手术。
2. 骨搬运手术。

§2.12.18　康美电钻（创伤骨科）

▶▶ 组合图谱及明细 ◀◀

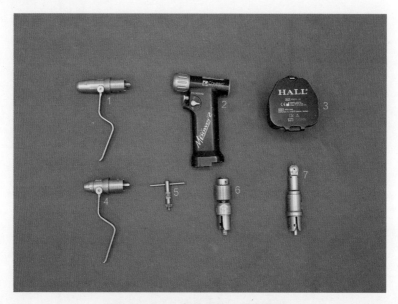

图 2-12-18　康美电钻（创伤骨科）

序号	名称	基数	序号	名称	基数
1	克氏针钻头	1	5	钥匙	1
2	手柄	1	6	钻头	1
3	电池盒	1	7	摆锯头	1
4	克氏针钻头	1			

▶▶ 适用手术 ◀◀

1. 各类骨折切开复位内固定术。
2. 各类关节置换手术。

§2.12.19 史塞克磨钻1号（脊柱外科）

▶▶ 组合图谱及明细 ◀◀

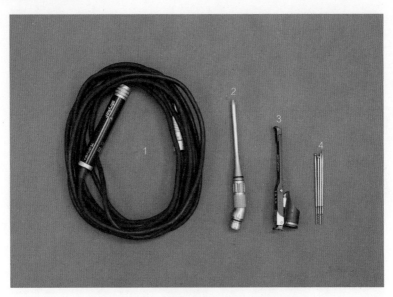

图 2-12-19 史塞克磨钻 1 号（脊柱外科）

序　号	名　　称	基　数
1	连接线	1
2	附件	1
3	手控开关	1
4	磨头	4

▶▶ 适用手术 ◀◀

颈椎后路单开门椎板成形术。

§2.12.20　史塞克磨钻2号（脊柱外科）

▶▶ 组合图谱及明细 ◀◀

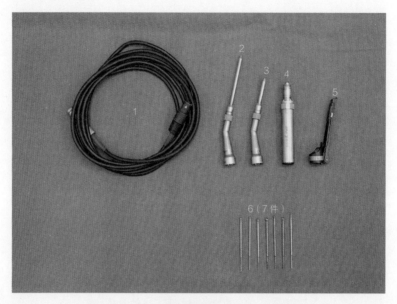

图2-12-20　史赛克磨钻2号（脊柱外科）

序　号	名　称	基　数
1	连接线	1
2～4	附件	3
5	保护套	1
6	磨钻头	7

▶▶ 适用手术 ◀◀

颈椎后路单开门椎板成形术。

§2.12.21 康美动力系统（运动医学科）

▶▶ **组合图谱及明细** ◀◀

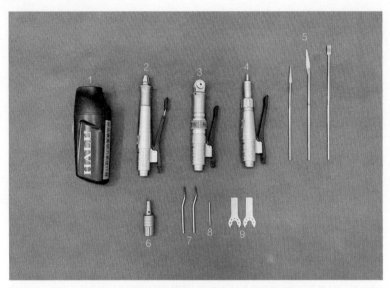

图 2-12-21 康美动力系统（运动医学科）

序号	名称	基数	序号	名称	基数
1	电池	1	6	转换接头	1
2	往复锯手柄	1	7	长磨头	2
3	摆锯手柄	1	8	短磨头	1
4	磨钻手柄	1	9	锯片	2
5	往复锉	3			

▶▶ **适用手术** ◀◀

各类关节镜手术。

§2.12.22　Hikoki 自停开颅钻（神经外科）

▶▶ 组合图谱及明细 ◀◀

图 2-12-22　Hikoki 自停开颅钻（神经外科）

名　称	基　数
主机及电线	1

▶▶ 适用手术 ◀◀

1. 颅骨钻孔探查术。
2. 慢性硬膜下血肿钻孔术。
3. 去颅骨骨瓣减压术。
4. 脑室钻孔伴脑室引流术。
5. 侧脑室—腹腔分流术。
6. 经颅内镜第三脑室底造瘘术。
7. 脑深部电极植入术。
8. 立体定向颅内肿物活检术。
9. 环枕畸形减压术。
10. 其他各类开颅手术。

§2.12.23　博列开颅钻（神经外科）

▶▶ **组合图谱及明细** ◀◀

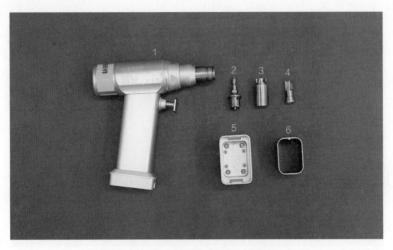

图 2-12-23　博列开颅钻（神经外科）

序号	名称	基数	序号	名称	基数
1	手柄	1	5	电池后盖	1
2~4	钻头	3	6	电池保护盖	1

▶▶ **适用手术** ◀◀

1. 颅骨钻孔探查术。
2. 慢性硬膜下血肿钻孔术。
3. 去颅骨骨瓣减压术。
4. 脑室钻孔伴脑室引流术。
5. 侧脑室—腹腔分流术。
6. 经颅内镜第三脑室底造瘘术。
7. 脑深部电极植入术。
8. 立体定向颅内肿物活检术。
9. 环枕畸形减压术。
10. 其他各类开颅手术。

§2.12.24　美敦力气动开颅钻(神经外科)

▶▶ **组合图谱及明细** ◀◀

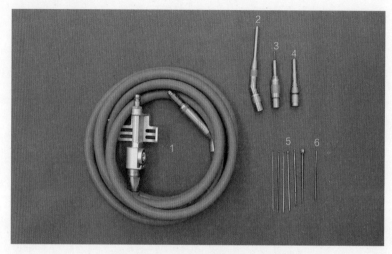

图 2-12-24　美敦力气动开颅钻（神经外科）

序号	名称	基数	序号	名称	基数
1	气管	1	4	直头附件	1
2	弯头附件	1	5	各种磨头	6
3	铣刀附件	1	6	铣刀头	1

▶▶ **适用手术** ◀◀

1. 去颅骨骨瓣减压术。
2. 颅内多发血肿清除术。
3. 幕上浅部病变切除术。
4. 幕上深部肿瘤切除术。
5. 颅底肿瘤切除术。
6. 桥小脑角肿瘤切除术。
7. 脑动脉瘤动静脉畸形切除术。
8. 颅神经微血管减压术。

9. 椎管内肿瘤切除术（髓外硬膜下、髓内、脊髓硬膜外）。

10. 脑深部电极植入术。

§2.12.25　蛇牌经鼻磨钻（神经外科）

▶▶ 组合图谱及明细 ◀◀

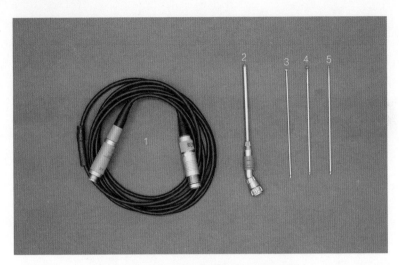

图 2-12-25　蛇牌经鼻磨钻（神经外科）

序　号	名　称	基　数
1	电缆马达	1
2	磨钻手柄	1
3	金刚砂磨头	1
4～5	西瓜头磨头	2

▶▶ 适用手术 ◀◀

1. 经颅内镜经鼻蝶垂体肿瘤切除术。

2. 颅底肿瘤切除术（鞍结节脑膜瘤、侵袭性垂体瘤、脊索瘤）。

3. 脑脊液漏修补术。

4. 经皮微通道椎间盘髓核摘除术。

5. 经皮微通道椎管内占位切除术。

6. 颈前路减压内固定术。

§2.12.26　蛇牌开颅钻1号（神经外科）

▶▶ **组合图谱及明细** ◀◀

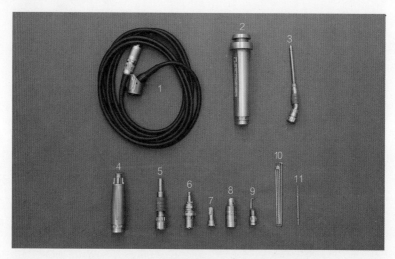

图 2-12-26　蛇牌开颅钻 1 号（神经外科）

序号	名称	基数	序号	名称	基数
1	连接电缆	1	6～8	开颅钻头	3
2	开颅钻马达	1	9	铣刀保护鞘	1
3	附件	1	10	磨头	4
4	高速马达	1	11	铣刀头	1
5	铣刀手柄	1			

▶▶ **适用手术** ◀◀

1. 去颅骨骨瓣减压术。

2. 颅内多发血肿清除术。

3. 幕上浅部病变切除术。

4. 幕上深部肿瘤切除术。

5. 颅底肿瘤切除术。

6. 桥小脑角肿瘤切除术。

7. 脑动脉瘤动静脉畸形切除术。

8. 颅神经微血管减压术。

9. 椎管内肿瘤切除术（髓外硬膜下、髓内、脊髓硬膜外）。

10. 脑深部电极植入术。

§2.12.27　蛇牌开颅钻2号（神经外科）

▶▶ **组合图谱及明细** ◀◀

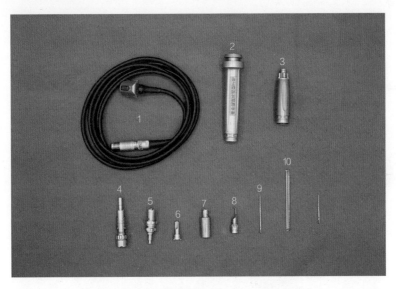

图 2-12-27　蛇牌开颅钻 2 号（神经外科）

序号	名称	基数	序号	名称	基数
1	连接电缆	1	5~7	开颅钻头	3
2	开颅钻马达	1	8	铣刀保护鞘	1
3	高速马达	1	9	铣刀头	1
4	铣刀手柄	1	10	磨头	3

▶▶ **适用手术** ◀◀

1. 去颅骨骨瓣减压术。
2. 颅内多发血肿清除术。
3. 幕上浅部病变切除术。
4. 幕上深部肿瘤切除术。
5. 颅底肿瘤切除术。
6. 桥小脑角肿瘤切除术。
7. 脑动脉瘤动静脉畸形切除术。
8. 颅神经微血管减压术。
9. 椎管内肿瘤切除术（髓外硬膜下、髓内、脊髓硬膜外）。
10. 脑深部电极植入术。

§2.12.28 美敦力动力系统（神经外科）

▶▶ **组合图谱及明细** ◀◀

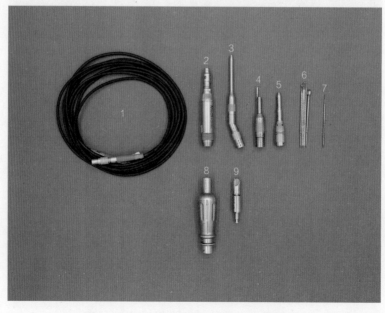

图 2-12-28 美敦力动力系统（神经外科）

序号	名称	基数	序号	名称	基数
1	连接线	1	6	各种磨头	5
2	高速马达	1	7	铣刀头	1
3	弯头附件	1	8	驱动附件	1
4	铣刀附件	1	9	开颅钻	1
5	直头附件	1			

▶▶ 适用手术 ◀◀

1. 去颅骨骨瓣减压术。
2. 颅内多发血肿清除术。
3. 幕上浅部病变切除术。
4. 幕上深部肿瘤切除术。
5. 颅底肿瘤切除术。
6. 桥小脑角肿瘤切除术。
7. 脑动脉瘤动静脉畸形切除术。
8. 颅神经微血管减压术。
9. 椎管内肿瘤切除术（髓外硬膜下、髓内、脊髓硬膜外）。
10. 脑深部电极植入术。

§2.12.29 康美动力系统（口腔颌面外科）

▶▶ **组合图谱及明细** ◀◀

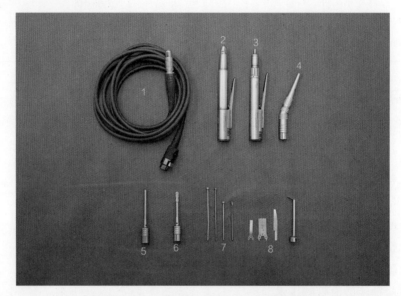

图 2-12-29 康美动力系统（口腔颌面外科）

序号	名称	基数	序号	名称	基数
1	连接线	1	5～6	直头附件	2
2～3	手柄	2	7	磨头	4
4	弯头附件	1	8	锯片	4

▶▶ **适用手术** ◀◀

1. 正颌手术。
2. 颏成形手术。
3. 颌面骨折手术。
4. 复杂牙拔除术。
5. 下颌骨去骨皮质术。

§2.12.30 史赛克动力系统（口腔颌面外科）

▶▶ **组合图谱及明细** ◀◀

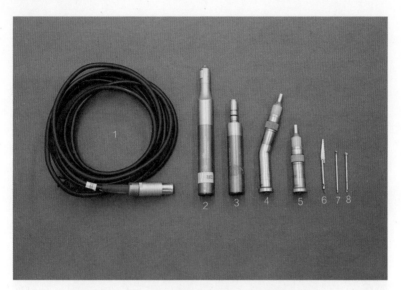

图 2-12-30 史赛克动力系统（口腔颌面外科）

序　号	名　　称	基　数
1	连接线	1
2～5	手柄	4
6	锯片	1
7～8	磨头	2

▶▶ **适用手术** ◀◀

1. 正颌手术。
2. 颏成形手术。
3. 颌面骨折手术。
4. 复杂牙拔除术。
5. 颌骨部分切除术。

§2.12.31　颅底磨钻（耳鼻咽喉科）

▶▶ **组合图谱及明细** ◀◀

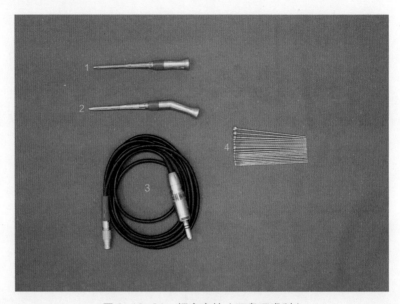

图 2-12-31　颅底磨钻（耳鼻咽喉科）

序　号	名　称	基　数
1～2	附件	2
3	连接线	1
4	磨头	18

▶▶ **适用手术** ◀◀

1. 迷路后听神经瘤切除术。

2. 经迷路听神经瘤切除术。

3. 颞骨部分切除术。

4. 颞骨次全切除术。

5. 颞骨全切术。

〔谢小华　贺红梅　李季鸥〕

§2.13　综合腔镜手术器械

§2.13.1　肝胆基础腔镜手术器械

▶▶ **组合图谱及明细** ◀◀

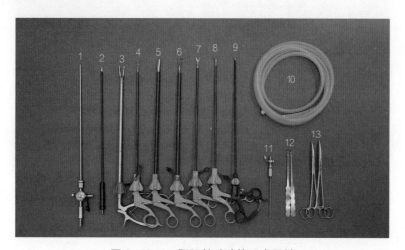

图 2-13-1　肝胆基础腔镜手术器械

序号	名称	规格	基数	序号	名称	规格	基数
1	吸引器	5 mm	1	8	分离钳	5 mm	1
2	电凝钩	5 mm	1	9	带卡锁分离钳	5 mm	1
3	紫色钛夹钳	10 mm	1	10	气腹管	2 m	1
4	胃钳	5 mm	1	11	气腹针		1
5	勺钳	10 mm	1	12	扒钩	双钩	2
6	直角钳	10 mm	1	13	弯钳	24 cm	2
7	双面剪	5 mm	1				

▶▶ **适用手术** ◀◀

1. 腹腔镜下胆囊切除术。
2. 腹腔镜下肝囊肿开窗引流术。

§2.13.2　单孔肝胆基础腔镜手术器械

▶▶ **组合图谱及明细** ◀◀

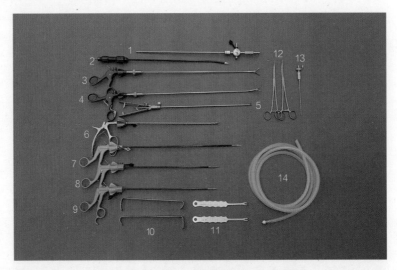

图 2-13-2　单孔肝胆基础腔镜手术器械

序号	名称	规格	基数	序号	名称	规格	基数
1	吸引器	5 mm	1	8	直角钳	5 mm	1
2	电凝钩	5 mm	1	9	分离钳	5 mm	1
3	可弯无损伤钳		1	10	甲状腺拉钩		2
4	可弯分离钳	带卡锁	1	11	扒钩	双钩	2
5	持针器	5 mm	1	12	弯钳	22 cm	2
6	钛夹钳	5 mm	1	13	气腹针		1
7	双面剪	5 mm	1	14	气腹管	2m	1

▶▶ **适用手术** ◀◀

腹腔镜下单孔胆囊切除术。

§2.13.3　阑尾腔镜手术器械

▶▶ **组合图谱及明细** ◀◀

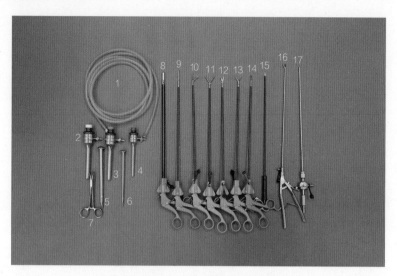

图 2-13-3　阑尾腔镜手术器械

序号	名称	规格	基数	序号	名称	规格	基数
1	气腹管	2 m	1	10	胃钳	5 mm	1
2~3	穿刺器	10 mm	2	11	阑尾钳	5 mm	1
4	穿刺器	5 mm	1	12	剪刀	5 mm	1
5	穿刺针芯	10 mm	1	13~14	分离钳	5 mm	2
6	穿刺针芯	5 mm	1	15	电凝钩	5 mm	1
7	布巾钳	14 cm	2	16	持针器	5 mm	1
8	勺钳	10 mm	1	17	吸引器	5 mm	1
9	肠钳	5 mm	1				

▶▶ **适用手术** ◀◀

　　腹腔镜下阑尾切除术。

§2.13.4 胃肠腔镜手术器械

▶▶ **组合图谱及明细** ◀◀

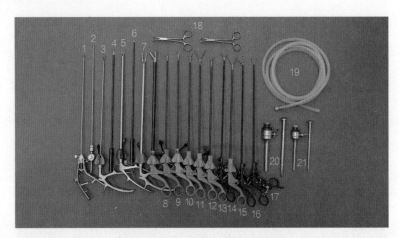

图 2-13-4 胃肠腔镜手术器械

序号	名称	规格	基数	序号	名称	规格	基数
1	持针器	5 mm	1	12	国产肠钳	5 mm	1
2	吸引器	5 mm	1	13	无损伤钳	5 mm	1
3	钛夹钳	5 mm	1	14	分离钳	5 mm	1
4	电凝钩	5 mm	1	15	进口肠钳	5 mm	1
5	康基钛夹钳	10 mm	1	16	进口胃钳	5 mm	1
6	电凝棒	5 mm	1	17	带卡锁抓钳	5 mm	1
7	紫色钛夹钳	10 mm	1	18	布巾钳	14 cm	2
8	勺钳	10 mm	1	19	气腹管	2m	1
9	国产胃钳	5 mm	1	20	穿刺针及芯	10 mm	2
10	双面剪	5 mm	1	21	穿刺针及芯	5 mm	2
11	分离钳	5 mm	1				

▶▶ **适用手术** ◀◀

1. 腹腔镜下胃癌根治术。

2．腹腔镜下结肠癌根治术。

3．腹腔镜下经腹直肠癌根治术（Dixon）。

4．腹腔镜下经腹会阴直肠癌根治术（Miles）。

§2.13.5　肝胆胰脾腔镜手术器械

▶▶ **组合图谱及明细** ◀◀

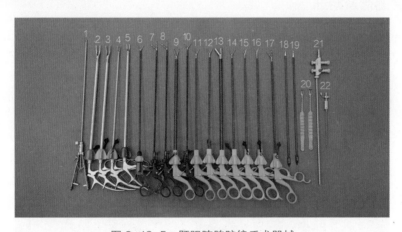

图 2-13-5　肝胆胰脾腔镜手术器械

序号	名称	规格	基数	序号	名称	规格	基数
1	持针器	5 mm	1	13	勺钳	10 mm	1
2	紫色钛夹钳	10 mm	1	14	分离钳	5 mm	1
3	金色钛夹钳	10 mm	1	15	双面剪	弯	1
4	绿色钛夹钳	5 mm	1	16	双面剪	直	1
5	黑色钛夹钳	10 mm	1	17	胃钳	5 mm	1
6	STORZ 分离钳	带卡锁	1	18	电凝钩	5 mm	1
7~8	STORZ 胃钳	5 mm	2	19	电凝铲	5 mm	1
9	直角钳	10 mm	1	20	爬钩	双钩	2
10~11	分离钳	5 mm	2	21	吸引器	5 mm	1
12	直角钳	5 mm	1	22	气腹针		1

注：气腹管和保温杯各 1 件

▶▶ **适用手术** ◀◀

1. 腹腔镜胰十二指肠切除术。
2. 腹腔镜胰体尾切除术。

§2.13.6 胆道腔镜手术专用器械

▶▶ **组合图谱及明细** ◀◀

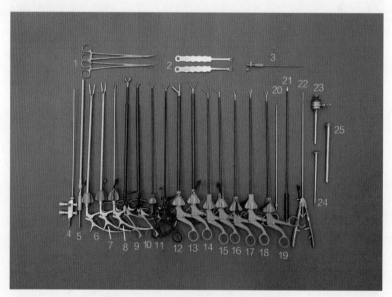

图 2-13-6 胆道腔镜手术专用器械

序号	名称	规格	基数	序号	名称	规格	基数
1	弯钳	24 cm	2	8	钛夹钳	绿5 mm	1
2	爬钩	双钩	2	9	取石钳	10 mm	1
3	气腹针		1	10	胆道镜抓钳	10 mm	1
4	吸引器	5 mm	1	11	带卡锁分离钳	5 mm	1
5	腔镜刀	10 mm	1	12	STORZ分离钳	5 mm	1
6	钛夹钳	金10 mm	1	13	勺钳	10 mm	1
7	钛夹钳	紫10 mm	1	14	直角钳	10 mm	1

续表

序号	名称	规格	基数	序号	名称	规格	基数
15~16	胃钳	5 mm	2	21	电凝钩	5 mm	1
17	分离钳	5 mm	1	22	持针器	5 mm	1
18	双面剪	弯	1	23~24	穿刺针及芯	5 mm	2
19	双面剪	直	1	25	转换器		1
20	长针头		1				

注：气腹管和保温杯各 1 件

▶▶ **适用手术** ◀◀

1. 腹腔镜下胆道探查 T 型管引流术。
2. 腹腔镜下肝门部胆管癌根治术。

§2.13.7 疝修补腔镜手术专用器械

▶▶ **组合图谱及明细** ◀◀

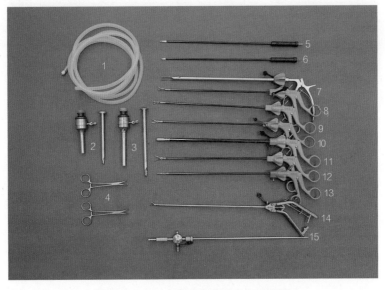

图 2-13-7 疝修补腔镜手术专用器械

序号	名称	规格	基数	序号	名称	规格	基数
1	充气管	2 m	1	8～9	胃钳	5 mm	2
2	穿刺针及芯	10 mm／短	2	10	弯双面剪	5 mm	1
3	穿刺针及芯	10 mm／长	2	11	勺钳	10 mm	1
4	布巾钳	14 cm	2	12～13	分离钳	5 mm	2
5	电凝铲	5 mm	1	14	持针器	5 mm	1
6	电凝钩	5 mm	1	15	吸引器	5 mm	1
7	钛夹钳	10 mm	1				

▶▶ **适用手术** ◀◀

1. 腹腔镜下食管裂孔疝修补术。
2. 腹腔镜下腹股沟疝修补术。

§2.13.8　胃减容腔镜手术专用器械

▶▶ **组合图谱及明细** ◀◀

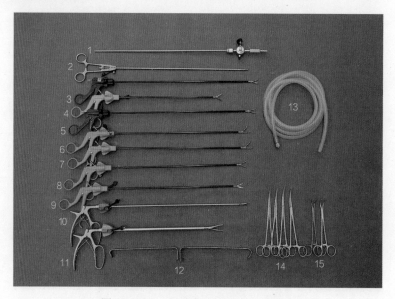

图 2-13-8　胃减容腔镜手术专用器械

序号	名称	规格	基数	序号	名称	规格	基数
1	吸引器	5 mm	1	10	绿色钛夹钳	5 mm	1
2	持针器	5 mm	1	11	金色钛夹钳	10 mm	1
3	抓钳	5 mm	1	12	甲状腺拉钩		2
4~5	分离钳	5 mm	2	13	气腹管	2 m	1
6~7	胃钳	5 mm	2	14	弯钳	18 cm	4
8	分离钳	5 mm	1	15	布巾钳	14 cm	2
9	双面剪	5 mm	1				

▶▶ 适用手术 ◀◀

腹腔镜下袖状胃切除术。

§2.13.9　甲状腺腔镜手术器械

▶▶ 组合图谱及明细 ◀◀

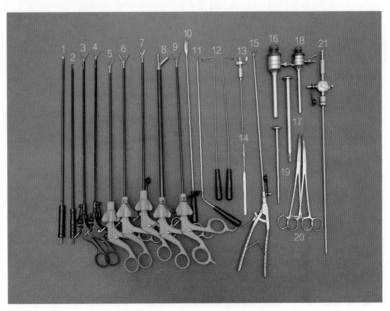

图 2-13-9　甲状腺腔镜手术器械

序号	名称	规格	基数	序号	名称	规格	基数
1	电凝棒	5 mm	1	11	甲状腺剥离器	弯柄	1
2	电凝钩	5 mm	1	12	专用拉钩	左/右	各1
3～4	进口分离钳	5 mm	2	13	气腹管	2 m	1
5	康基分离钳	5 mm	1	14	刀柄	7#	1
6	无损伤钳	5 mm	1	15	持针器	5 mm	1
7	直双面剪	5 mm	1	16～17	穿刺针及芯	10 mm	2
8	勺钳	10 mm	1	18～19	穿刺针及芯	5 mm	2
9	直角钳	5 mm	1	20	弯钳	26 cm	2
10	皮下剥离器	大头	1	21	吸引器	5 mm	1

注：气腹管和保温杯各1件

▶▶ 适用手术 ◀◀

腹腔镜下甲状腺手术。

§2.13.10　乳腺腔镜手术器械

▶▶ 组合图谱及明细 ◀◀

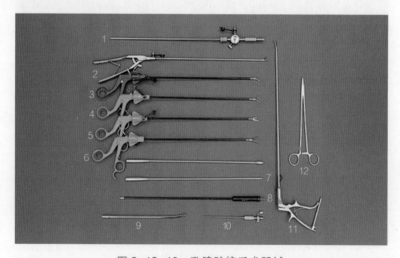

图 2-13-10　乳腺腔镜手术器械

序号	名称	规格	基数	序号	名称	规格	基数
1	吸引器	5 mm	1	8	电凝钩	5 mm	1
2	持针器	5 mm	1	9	人流吸管	7#	1
3~4	分离钳	5 mm	2	10	气腹针		1
5	双面剪	5 mm	1	11	抓钳	5 mm	2
6	无损伤钳	5 mm	1	12	持针器	24 cm	2
7	钝头分离器		2				

▶▶ 适用手术 ◀◀

1. 腹腔镜辅助下保留乳头乳晕的皮下腺体切除术。
2. 腹腔镜辅助下保留乳头乳晕的乳腺癌根治术。

§2.13.11　胸外科胸腔镜器械

▶▶ 组合图谱及明细 ◀◀

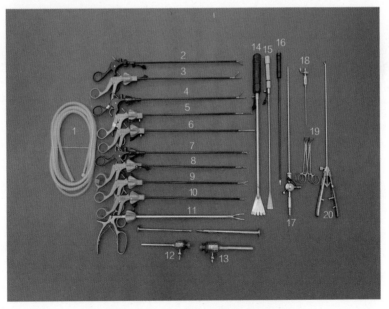

图 2-13-11　胸外科胸腔镜器械

序号	名称	规格	基数	序号	名称	规格	基数
1	充气管	2 m	1	12	穿刺针及芯	5 mm	2
2	STORZ分离钳	5 mm	1	13	穿刺针及芯	10 mm	2
3~4	胃钳	5 mm	2	14	扇钳	10 mm	1
5~6	肠钳	5 mm	2	15	扇钳	5 mm	1
7	无损伤钳	5 mm	1	16	电凝钩	5 mm	1
8	分离钳	5 mm	1	17	吸引器	5 mm	1
9	双面弯剪	5 mm	1	18	腹穿针		1
10	角剪	5 mm	1	19	布巾钳	14 cm	2
11	钛夹钳	金色	1	20	进口持针器	5 mm	1

▶▶ **适用手术** ◀◀

1. 胸腺肿瘤切除术。

2. 前纵隔肿物切除术。

3. 食管癌三切口联合根治术。

§2.13.12　胸外科单孔双关节器械

▶▶ **组合图谱及明细** ◀◀

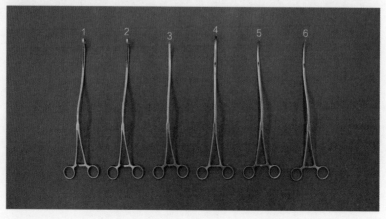

图 2-13-12　胸外科单孔双关节器械

序号	名称	规格	基数	序号	名称	规格	基数
1~2	有齿卵圆钳	双关节	2	5	大弯钳	双关节	1
3	小蛇头钳	双关节	1	6	小弯钳	双关节	1
4	直角钳	双关节	1				

▶▶ **适用手术** ◀◀

1. 肺内异物摘除术。
2. 肺段、肺叶、肺楔形切除术。
3. 肺大疱切除修补术。

§2.13.13　胸外科双关节器械

▶▶ **组合图谱及明细** ◀◀

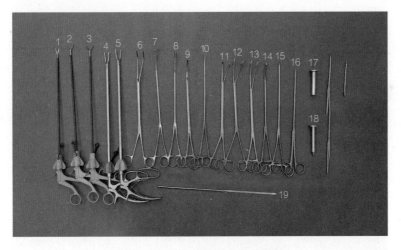

图 2-13-13　胸外科双关节器械

序号	名称	规格	基数	序号	名称	规格	基数
1	双面剪	5 mm	1	4	紫色钛夹钳	10 mm	1
2	分离钳	5 mm	1	5	金色钛夹钳	10 mm	1
3	无损伤钳	5 mm	1	6	游离钳	双关节	1

续表

序号	名称	规格	基数	序号	名称	规格	基数
7	活检钳	双关节	1	14	蛇头钳	双关节	1
8~10	大弯钳	双关节	3	15	持针器	双关节	1
11	直角钳	双关节	1	16	剪刀	双关节	1
12	有齿卵圆钳	双关节	1	17~18	胸科穿刺针及芯		2
13	无齿卵圆钳	双关节	1	19	推结器	5 mm	1

▶▶ **适用手术** ◀◀

    1. 肺内异物摘除术。

    2. 肺段、肺叶、肺楔形切除术。

    3. 肺大疱切除修补术。

    4. 脓胸引流清除术。

    5. 纵隔肿物切除术。

§2.13.14　胸交感神经腔镜手术器械

▶▶ **组合图谱及明细** ◀◀

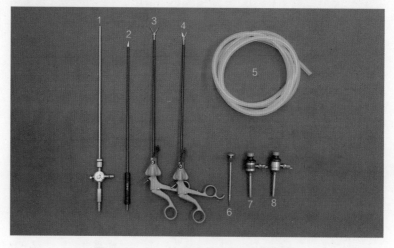

图 2-13-14　胸交感神经腔镜手术器械

序号	名称	规格	基数		序号	名称	规格	基数
1	吸引器	5 mm	1		5	气腹管	2m	1
2	电凝钩	5 mm	1		6	穿刺针芯	5 mm	1
3	分离钳	5 mm	1		7~8	穿刺针（短）	5 mm	2
4	双面剪	5 mm	1					

▶▶ **适用手术** ◀◀

胸腔镜下胸交感神经切断术。

§2.13.15　泌尿外科腔镜手术器械

▶▶ **组合图谱及明细** ◀◀

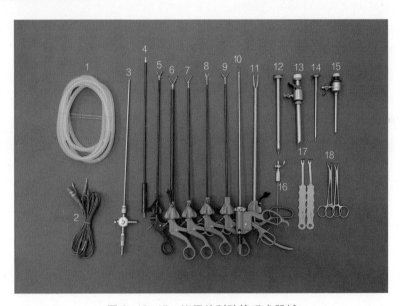

图 2-13-15　泌尿外科腔镜手术器械

序号	名称	规格	基数		序号	名称	规格	基数
1	气腹管	2 m	1		3	吸引器	5 mm	1
2	电凝线		1		4	电凝钩	5 mm	1

续表

序号	名称	规格	基数	序号	名称	规格	基数
5	SOTRZ抓钳	5 mm	1	12	穿刺针芯	10 mm	1
6	直角钳	10 mm	1	13	穿刺针	10 mm	1
7	分离钳	5 mm	1	14	穿刺针芯	5 mm	1
8	双面剪刀	5 mm	1	15	穿刺针	5 mm	1
9	分离钳	5 mm	1	16	气腹针		1
10	双极电凝钳	平头	1	17	爬钩	双钩	2
11	紫色钛夹钳	10 mm	1	18	弯钳	24 cm	2

▶▶ 适用手术 ◀◀

1. 肾肿瘤剔除术。

2. 肾全切除术、肾部分切除术。

3. 肾囊肿切除术。

4. 肾盂癌根治术。

5. 肾盂输尿管成形术。

6. 肾上腺嗜铬细胞瘤切除术。

7. 膀胱破裂修补术。

8. 前列腺癌根治术。

§2.13.16　回肠代膀胱腹腔镜手术器械

▶▶ **组合图谱及明细** ◀◀

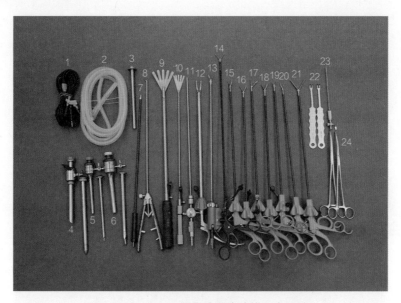

图 2-13-16　回肠代膀胱腹腔镜手术器械

序号	名称	规格	基数	序号	名称	规格	基数
1	电凝线		1	13	双极电凝	5 mm	1
2	气腹管	2 m	1	14	STORZ分离钳	5 mm	1
3	转换器		1	15～16	分离钳	5 mm	2
4	穿刺针及芯	STORZ10 mm	2	17	胃钳	5 mm	1
5	穿刺针及芯	5 mm	2	18	抓钳	5 mm	1
6	穿刺针及芯	10 mm	2	19	输卵管钳	5 mm	1
7	电凝钩	5 mm	1	20	双面弯剪	5 mm	1
8	持针器	5 mm	1	21	肠钳	5 mm	1
9	扇钳	10 mm	1	22	扒钩	双钩	2
10	扇钳	5 mm	1	23	气腹管	2 m	1
11	吸引器	5 mm	1	24	弯钳	26 cm	2
12	紫色钛夹钳	10 mm	1				

适用手术 ◄◄

1. 膀胱部分切除术。
2. 根治性膀胱全切除术。
3. 膀胱尿道全切除术。
4. 回肠膀胱术。
5. 结肠膀胱术。
6. 直肠膀胱术。
7. 胃代膀胱术。
8. 肠道原位膀胱术。

§2.13.17 精索静脉腔镜手术器械

▶▶ 组合图谱及明细 ◄◄

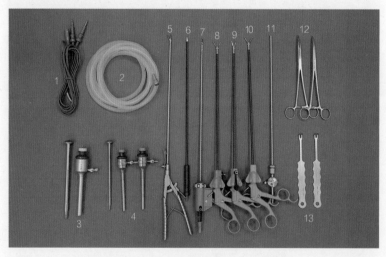

图 2-13-17 精索静脉腔镜手术器械

序号	名称	规格	基数	序号	名称	规格	基数
1	电凝线		1	4	穿刺针及芯	5 mm	3
2	气腹管	2 m	1	5	持针器	5 mm	1
3	穿刺针及芯	10 mm	2	6	电凝钩	5 mm	1

续表

序号	名称	规格	基数	序号	名称	规格	基数
7	双极电凝	5 mm	1	11	吸引器	5 mm	1
8	分离钳	5 mm	1	12	弯钳	24 cm	2
9	双面剪	5 mm	1	13	扒钩	双钩	2
10	分离钳	5 mm	1				

▶▶ **适用手术** ◀◀

1. 精索静脉瘤切除术。
2. 精索静脉曲张高位结扎术。

§2.13.18 肛肠镜手术专科器械

▶▶ **组合图谱及明细** ◀◀

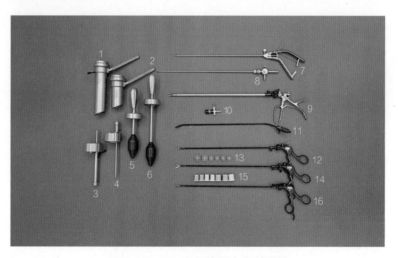

图 2-13-18 肛肠镜手术专科器械

序号	名称	规格	基数	序号	名称	规格	基数
1~2	穿刺套管	大/小	各1	5~6	套管芯	大/小	各1
3~4	套管帽	大/小	各1	7	持针器	弯柄	1

续表

序号	名称	规格	基数	序号	名称	规格	基数
8	吸引器	5 mm	1	13	灰色防水帽	2大4小	6
9	钛夹钳	带卡锁	1	14	弯双面剪	5 mm	1
10	电凝钩接头		1	15	螺旋防水帽	3大4小	7
11	电凝钩	弯杆	1	16	右弯抓钳	5 mm	1
12	左弯抓钳	5 mm	1				

▶▶ **适用手术** ◀◀

经肛门直肠内镜微创手术（TEM）。

§2.13.19　肛肠镜床旁固定支架

▶▶ **组合图谱及明细** ◀◀

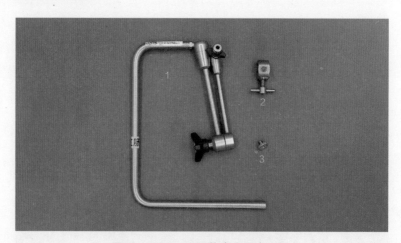

图 2-13-19　肛肠镜床旁固定支架

序　号	名　称	基　数
1	支架	1
2	接头	1
3	螺丝帽	1

▶▶ **适用手术** ◀◀

经肛门直肠内镜微创手术（TEM）。

§2.13.20　妇科腹腔镜手术器械

▶▶ **组合图谱及明细** ◀◀

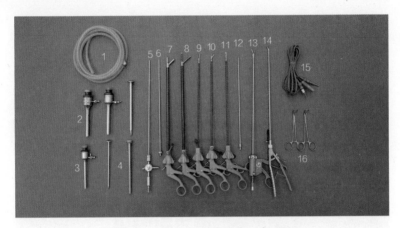

图 2-13-20　妇科腹腔镜手术器械

序号	名称	规格	基数	序号	名称	规格	基数
1	气腹管	2 mm	1	9	分离钳	5 mm	2
2	穿刺器及芯	10 mm	3	10	单面直剪	5 mm	1
3	穿刺器及芯	5 mm	2	11	双面弯剪	5 mm	1
4	转换器		1	12	长针头		1
5	吸引器	平头5 mm	1	13	双极电凝	平头	1
6	吸引器头	尖头5 mm	1	14	持针器	5 mm	1
7	勺钳	10 mm	1	15	电凝线		1
8	抓钳	10 mm	1	16	布巾钳	14 cm	2

▶▶ **适用手术** ◀◀

1. 妇科腹腔镜腹部探查术。

2. 腹腔镜下卵巢手术。

3. 腹腔镜下输卵管手术。

4. 腹腔镜下子宫手术。

§2.13.21　妇科腹腔镜粉碎器械

▶▶ **组合图谱及明细** ◀◀

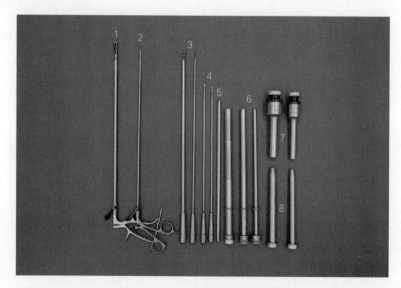

图 2-13-21　妇科腹腔镜粉碎器

序号	名称	规格	基数	序号	名称	规格	基数
1	抓钳	10 mm	1	5	刀头芯		1
2	抓钳	5 mm	1	6	刀头	18/15/10 mm	各1
3	肌瘤钻	10/5 mm	各1	7	穿刺针	18/15 mm	各1
4	推节器	5 mm	2	8	转换器	18/15 mm	各1

▶▶ **适用手术** ◀◀

1. 腹腔镜下子宫肌瘤剔除术。

2. 腹腔镜下宫颈肌瘤剔除术。

3. 腹腔镜下阔韧带内肿瘤切除术。

4. 腹腔镜下盆腔巨大肿瘤切除术。

5. 腹腔镜下子宫腺肌病灶切除术。

§2.13.22　妇科单孔腔镜手术器械

▶▶ **组合图谱及明细** ◀◀

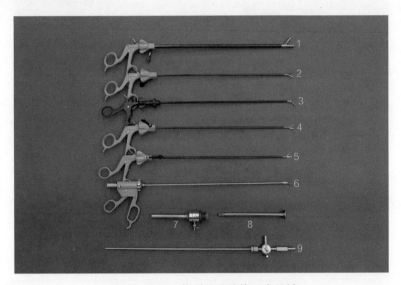

图 2-13-22　妇科单孔腔镜手术器械

序号	名称	规格	基数		序号	名称	规格	基数
1	勺钳	加长10 mm	1		6	康基双极电凝	加长5 mm	1
2~3	分离钳	加长5 mm	2		7~8	穿刺针及芯	10 mm	2
4	双面弯剪	加长10 mm	1		9	吸引器	加长5 mm	1
5	单面直剪	加长5 mm	1					

注：气腹管和保温杯各1件

▶▶ **适用手术** ◀◀

1. 妇科腹腔镜腹部探查术。

2．腹腔镜下卵巢手术。

3．腹腔镜下输卵管手术。

§2.13.23　耳鼻喉甲状腺腔镜器械 1 号

▶▶ **组合图谱及明细** ◀◀

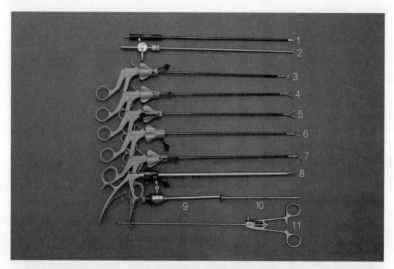

图 2-13-23　耳鼻喉甲状腺腔镜器械 1 号

序号	名称	规格	基数	序号	名称	规格	基数
1	电凝钩	5 mm	1	6~7	分离钳	5 mm	2
2	吸引器	5 mm	1	8	钛夹钳	10 mm	1
3	直角钳	5 mm	1	9~10	穿刺针及芯		2
4	无损伤钳	5 mm	2	11	持针器	3 mm	1
5	平头钳	5 mm	1				

▶▶ **适用手术** ◀◀

1．腔镜甲状腺切除术。

2．腔镜乳腺切除术。

§2.13.24　耳鼻喉甲状腺腔镜器械 2 号

▶▶ **组合图谱及明细** ◀◀

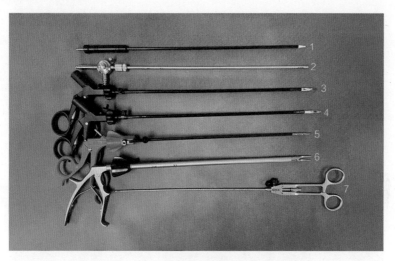

图 2-13-24　耳鼻喉甲状腺腔镜器械 2 号

序号	名称	规格	基数	序号	名称	规格	基数
1	电凝钩	5 mm	1	5	分离钳	5 mm	1
2	吸引器	5 mm	1	6	钛夹钳	10 mm	1
3	抓钳	5 mm	1	7	持针器	3 mm	1
4	无损伤钳	5 mm	1				

▶▶ **适用手术** ◀◀

1. 腔镜甲状腺切除术。
2. 腔镜乳腺切除术。

§2.13.25 达芬奇腔镜手术器械

▶▶ **组合图谱及明细** ◀◀

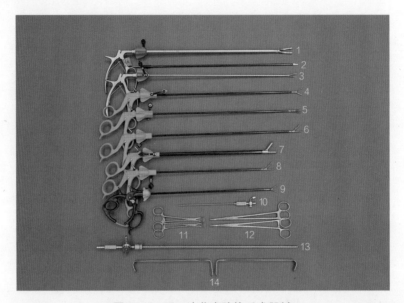

图 2-13-25 达芬奇腔镜手术器械

序号	名称	规格	基数	序号	名称	规格	基数
1	紫色钛夹钳	加长10 mm	1	8	胃钳	5 mm	1
2	电凝钩	加长（弯）	1	9	带卡锁分离钳	5 mm	1
3	绿色钛夹钳	加长5 mm	1	10	腹穿针	2 mm	1
4	分离钳	加长5 mm	1	11	布巾钳	12 cm	2
5	双面直剪	加长5 mm	1	12	弯钳	22 cm	2
6	胃钳	加长5 mm	1	13	吸引器	加长5 mm	1
7	勺钳	10 mm	1	14	拉钩		2

▶▶ **适用手术** ◀◀

各类达芬奇机器人手术。

〔钮敏红 于 从 刘 勇〕

§3

常见手术用物准备

本章我们从手术器械、手术耗材等方面详细介绍了 11 个专科，145 种常见手术的用物准备，以方便临床相关人员提高工作效率。

§3.1　普通外科手术用物准备

▶▶ 传统甲状腺手术 ◀◀

1. 手术器械：甲状腺手术器械、超声刀手柄、灯柄。

2. 手术耗材：组合针、刀片（10#、11#）、手套、吸引器管、吸引器头、电刀擦、丝线（1#、4#）、4-0 可吸收缝线、4-0 滑线、潘氏引流管、纱布、引流瓶、双极电凝、电刀笔、超声刀头（HAR9F）。

▶▶ 腔镜甲状腺手术 ◀◀

1. 手术器械：浅表手术器械、甲状腺腔镜手术器械、电凝线、保温杯、10 mm 镜头、光纤。

2. 手术耗材：5 ml 牙科注射器、一次性腔镜保护套（14 cm × 200 cm）注射器（1 mL、20 mL）、腔镜显影纱条、纱布、11# 刀片、小器械针、电刀、引流管、丝线（4#、7#）、4-0 可吸收缝线、4-0 单针倒刺线、一次性穿刺器（加长版）、超声刀头（HAR36）、取物袋。

▶▶ 传统乳腺癌切除手术 ◀◀

1. 手术器械：开放中手术器械、超声刀手柄、标记钛夹钳、灯柄。

2. 手术耗材：组合针、刀片（22#、11#）、吸引器管、吸引器头、丝线（1#、4#）、4-0可吸收缝线、潘氏引流管、纱布、负压引流瓶、电刀擦、双极电凝、电刀笔、超声刀头（HAR9F）、钛夹。

▶▶ 传统乳腺良性肿物切除手术 ◀◀

1. 手术器械：浅表手术器械。

2. 手术耗材：刀片（10#）、4-0可吸收缝线、纱块、5 mL注射器、伤口敷贴。

▶▶ 腔镜乳腺手术 ◀◀

1. 手术器械：开放中手术器械、乳腺手术腔镜器械、电凝线、保温杯、10 mm镜头、光纤。

2. 手术耗材：5 mL牙科注射器、一次性腔镜保护套（14 cm×200 cm）、注射器（1 mL、20 mL）、腔镜显影纱条、纱布、11#刀片、小器械针、电刀、引流管、丝线（4#、7#）、4-0可吸收缝线、4-0单针倒刺线、一次性穿刺器（加长版）、超声刀头（HAR36）、取物袋。

▶▶ 腹壁疝修补术 ◀◀

1. 手术器械：开放中手术器械、灯柄。

2. 手术耗材：组合针、22#刀片、丝线（1#、4#、7#）、3-0可吸收缝线、0#可吸收缝线、电刀笔、吸引器管、吸引器头、伤口敷贴、电刀擦、纱布、疝补片。

▶▶ 腹股沟疝修补术 ◀◀

1. 手术器械：开放中手术器械、灯柄。

2. 手术耗材：组合针、22#刀片、丝线（1#、4#、7#）、3-0可吸收缝线、电刀笔、吸引器管、吸引器头、电刀擦、纱布、伤口敷贴、疝补片。

▶▶ 腹腔镜下腹股沟疝修补术（TAPP）◀◀

1. 手术器械：浅表手术器械、疝修补腹腔镜手术专用器械、光纤、镜头、电凝线。

2. 手术耗材：11# 刀片、吸引气管、腔镜保护套、显影纱块 1 包、显影纱条 1 包、伤口敷贴 3 个、手套若干、3-0 可吸收缝线、4-0 可吸收缝线。

▶▶ 阑尾切除术 ◀◀

1. 手术器械：开放中手术器械、灯柄。

2. 手术耗材：组合针、22# 刀片、丝线（1#、4#、7#）、电刀笔、吸引器管、吸引器头、伤口敷贴、手套、电刀擦、纱布、贴膜（30 cm×40 cm）、棉签。

▶▶ 腹腔镜下阑尾切除术 ◀◀

1. 手术器械：浅表手术器械、阑尾腹腔镜手术器械、超声刀手柄。

2. 手术耗材：刀片（11#）、纱球、纱块、腔镜纱条、丝线（7#）、吸引器管、引流管（备）、引流袋（备）、手套、3-0 可吸收缝线。

▶▶ 胃大部分切除术 ◀◀

1. 手术器械：胃肠手术基础器械、灯柄、超声刀手柄。

2. 手术耗材：刀片（11#、22#）、纱球、纱布、丝线（1#、4#、7#）、电刀笔、长电刀头、吸引器管、吸引器头、电刀擦、贴膜（30 cm×40 cm）、引流管、引流袋、液状石蜡、超声刀头（HAR23）、组合针、手套、荷包线、3-0 可吸收缝线、0# 可吸收缝线、切口保护器、切割闭合器（75 mm～100 mm）、管型吻合器（25#）。

▶▶ 腹腔镜下胃癌或间质瘤切除术 ◀◀

1. 手术器械：胃肠腹腔镜手术器械、胃肠手术基础器械、高清镜头、光纤、单极电凝线、超声刀手柄、灯柄。

2. 手术耗材：显影纱块、胃肠纱布垫、显影纱条、无菌保护套、吸引器管、吸引器头、显影纱球、（11#、22#）刀片、一次性电刀擦、电刀、50 mL 注射器、

（1#、4#、7#）丝线、26 号 T 型管、引流袋、手套、液状石蜡、伤口敷料、一次性腔内切割吻合器（EEA2535）、超声刀头（HAR36）。

▶▶ 直肠癌根治术 ◀◀

1．手术器械：胃肠手术基础器械、灯柄、超声刀手柄。

2．手术耗材：刀片（11#、22#）、纱球、纱布、丝线（1#、4#、7#）、电刀笔、长电刀头、吸引器管、吸引器头、电刀擦、贴膜（30 cm×40 cm）、引流管、引流袋、液状石蜡、超声刀头（HAR23）、组合针、凡士林纱布、荷包线、3-0 可吸收缝线、0# 可吸收缝线、切口保护器、弧形切割闭合器（40#）、管型吻合器（28～33#）。

▶▶ 腹腔镜下经腹会阴直肠癌根治术（Miles） ◀◀

1．手术器械：胃肠腹腔镜手术器械、胃肠手术基础器械、高清镜头、光纤、超声刀手柄、单极电凝线、灯柄。

2．手术耗材：吸引器管、吸引器头、（1#、4#、7#）丝线、（11#、22#）刀片、凡士林纱布、液状石蜡、注射器 50 mL、腔镜纱条、腔镜纱布、显影纱块、显影纱球、胃肠纱布、电刀、电刀擦、引流袋、6 号手套、T 型管、腹腔引流管、5 mm 生物结扎夹、金属钛夹（LT300）、荷包线（6237-41）、切口保护器、（3-0 VCP772D）、（0#VCP752D）可吸收线、超声刀头（HAR36）。

▶▶ 腹腔镜下经腹直肠癌根治术（Dixon） ◀◀

1．手术器械：胃肠腹腔镜手术器械、胃肠手术基础器械、高清镜头、光纤、超声刀手柄、单极、电凝线、灯柄。

2．手术耗材：吸引器管、吸引器头、（1#、4#、7#）丝线、（11#、22#）刀片、凡士林纱布、液状石蜡、注射器 50 mL、腔镜纱条、腔镜纱布、显影纱块、显影纱球、胃肠纱布、电刀、电刀擦、引流袋、6 号手套、T 型管、腹腔引流管、（0#VCP752D）、（3-0VCP772D）可吸收线、荷包线、切口保护器、5 mm 生物结扎夹、金属钛夹（LT300）、端端吻合器（EEA2835）、超声刀头（HAR36）。

▶▶ 右半（左半）结肠癌根治术 ◀◀

1. 手术器械：胃肠手术基础器械、灯柄、超声刀手柄。

2. 手术耗材：刀片（11#、22#）、纱球、纱布、丝线（1#、4#、7#）、电刀笔、长电刀头、吸引器管、吸引器头、电刀擦、贴膜（30 cm×40 cm）、引流管、引流袋、液状石蜡、超声刀头（HAR23）、组合针、凡士林纱布、荷包线、3-0 可吸收缝线、0# 可吸收缝线、切口保护器、弧形切割闭合器（40#）、管型吻合器（28-33#）。

▶▶ 腹腔镜下右半肠癌根治术 ◀◀

1. 手术器械：胃肠腹腔镜手术器械、胃肠手术基础器械、灯炳、高清镜头、光纤、超声刀手柄、单极电凝线。

2. 手术耗材：显影纱块、胃肠纱布、腔镜纱条、显影纱球、吸引器管、吸引器头、无菌保护套、（22#、11#）刀片、手套、（1#、4#、7#）丝线、电刀、电刀擦、伤口敷料、液状石蜡、50 mL 注射器、T 型管、引流袋、切口保护器、荷包线、端端吻合器（EEA2835）、超声刀头（HAR36）。

▶▶ 剖腹探查术 ◀◀

1. 手术器械：胃肠手术基础器械、灯柄。

2. 手术耗材：刀片（11#、22#）、纱球、纱布、丝线（1#、4#、7#）、电刀笔、长电刀头、吸引器管、吸引器头、电刀擦、贴膜（30 cm×40 cm）、引流管、引流袋、液状石蜡、组合针。

▶▶ 胆囊切除术 ◀◀

1. 手术器械：肝胆胰手术器械、超声刀手柄、灯柄。

2. 手术耗材：吸引器管、吸引器头、电刀笔、长电刀头、电刀擦、刀片（11#、22#）、组合针、丝线（1#、4#、7#）、贴膜（30 cm×40 cm）、显影纱球、纱布、超声刀头（HAR23）。

▶▶ 腹腔镜下胆囊切除术 ◀◀

1．手术器械：肝胆基础腔镜手术器械、浅表手术器械、超声刀手柄、光纤、单极电凝线、10 mm 镜头。

2．手术耗材：吸引器管 、11# 刀片、显影纱块（8 cm×10 cm）、显影纱条（20 cm×2. 2 cm）、5 mL 注射器 、生物夹 、腔镜保护套（14 cm×200 cm）、一次性 Trocar 组套、2-0 可吸收缝线、伤口敷贴、超声刀头（HAR36）。

▶▶ 胆总管探查 T 型管引流术 ◀◀

1．手术器械：肝胆胰手术器械、超声刀手柄 、灯柄、腹部牵开器。

2．手术耗材：吸引器管、吸引器头、电刀笔、长电刀头、电刀擦、刀片（11#、22#）、组合针、丝线（1#、4#、7#）、4-0 可吸收缝线、贴膜（30 cm×40 cm）、显影纱球、纱布、注射器（5 mL、50 mL）、输血器、切口保护器、超声刀头（HAR23）。

▶▶ 腹腔镜下胆总管探查 T 型管引流术 ◀◀

1．手术器械：胆道腹腔镜手术专用器械、超声刀手柄、浅表手术器械包、10 mm 镜头、光纤、单极电凝线。

2．手术耗材：腔镜保护套（14 cm×200 cm）×2、组合针、显影纱块（8 cm×10 cm）、显影纱条（20 cm×2. 2 cm）、11# 刀片 ×2、吸引器管、注射器（5 mL、50 mL）、T 型管、腹腔引流管、输血器、冲洗管、7# 丝线、4-0 可吸收缝线、2-0 可吸收缝线、伤口敷贴、超声刀头（HAR36）。

▶▶ 肝门部胆管癌（含高位胆管癌）根治术 ◀◀

1．手术器械：肝胆胰手术器械、超声刀手柄 、双极电凝镊、灯柄、腹部牵开器、钛夹钳、血管夹、标记带。

2．手术耗材：吸引器管、吸引器头、电刀笔、长电刀头、电刀擦、刀片（11#、22#）、组合针、丝线（1#、4#、7#）、4-0 可吸收缝线、贴膜（30 cm×40 cm）、显影纱球、纱布、20 mL 注射器、冲洗球、阻断带、切割闭合器（75 mm）、超声刀头（HAR23）。

▶▶ 肝癌（含肝部分切除术）手术 ◀◀

1. 手术器械：肝胆胰手术器械、超声刀手柄、双极电凝镊、腹部牵开器、灯柄。

2. 手术耗材：刀片（11#、22#）、组合角针、电刀笔、长电刀头、电刀擦、吸引器头、吸引器管、冲洗球、20 mL 注射器、血管标记带、腹腔引流管、引流袋、贴膜（30 cm×40 cm）、红色尿管（12# 或 14#）、阻断带、丝线（1#、4#、7#）、3-0 血管线、4-0 血管线、超声刀头（HAR23）。

▶▶ 腹腔镜下肝癌（含肝部分）切除术 ◀◀

1. 手术器械：浅表手术器械、胆道腹腔镜手术专用器械、10 mm 镜头、光纤、超声刀手柄、单极电凝线、百科钳、灯柄。

2. 手术耗材：刀片（11#、22#）、组合针、腔镜保护套（14 cm×200 cm）、液状石蜡、冲水管、生物夹、显影方纱（8 cm×10 cm）、显影纱条（20 cm×2.2 cm)、腹腔引流管、引流袋、吸引器管、丝线（1#、4#、7#）、2-0 可吸收缝线、4-0 可吸收缝线、4-0 血管线、吻合器：切割闭合器（60A）、钉仓（60W）、超声刀头（HAR36）。

▶▶ 腹腔镜下肝囊肿开窗引流术 ◀◀

1. 手术器械：肝胆基础腔镜手术器械、浅表手术器械、10 mm 镜头、光纤、单极电凝线、超声刀手柄。

2. 手术耗材：吸引器管、组合针、11# 刀片、显影纱块（8 cm×10 cm）、显影纱条（20 cm×2.2 cm）、2-0 可吸收缝线、腔镜保护套（14 cm×200 cm）、伤口敷贴、Trocar 组套、腹腔引流管、超声刀头（HAR36）。

▶▶ 门奇静脉断流术 ◀◀

1. 手术器械：脾脏手术专用器械、腹部牵开器、灯柄、超声刀手柄。

2. 手术耗材：吸引器管、吸引器头、电刀、长电刀头、电刀擦、刀片（11#、22#）、组合针、贴膜（30 cm×40 cm）、腹腔引流管、引流袋、20 mL 注射器、丝线（1#、4#、7#）、管型吻合器（25#）、超声刀头（HAR23）。

▶▶ 脾切除术 ◀◀

1. 手术器械：脾脏手术专用器械、腹部牵开器、灯柄、超声刀手柄。

2. 手术耗材：吸引器管、吸引器头、电刀、长电刀头、电刀擦、刀片（11#、22#）、组合针、0# 滑线、丝线（1#、4#、7#）、贴膜（30 cm×40 cm）、腹腔引流管、引流袋、20 mL 注射器、超声刀头（HAR23）。

▶▶ 胰十二指肠切除术 ◀◀

1. 手术器械：肝胆胰手术器械、腹部牵开器、灯柄、超声刀手柄。

2. 手术耗材：刀片（11#、22#）、组合针、吸引器管、吸引器头、显影纱块（8 cm×10 cm）、纱布、注射器（5 mL、20 mL）、血管标记带、腹腔引流管、伤口敷贴、胰管、电刀笔、丝线（1#、4#、7#）、3-0 荷包线、4-0 可吸收缝线、吻合器：切割闭合器（60A）、钉仓（60 B、60 W）或切割闭合器（75 mm）、超声刀头（HAR23）。

▶▶ 腹腔镜胰十二指肠切除术 ◀◀

1. 手术器械：胆道胰脾腔镜手术器械、肝胆胰手术器械、保温杯、超声刀手柄、10 mm 镜头、光纤、单极电凝线。

2. 手术耗材：刀片（11#、22#）、组合针、吸引器管、冲洗管、腔镜保护套（14 cm×200 cm）、显影纱块（8 cm×10 cm）、显影纱条（20 cm×22 cm）、5 mL 注射器、血管标记带、腹腔引流管、伤口敷贴、生物夹、一次性 Trocar 组套、12 mm 穿刺器、电刀笔、丝线（1#、4#、7#）、3-0 荷包线、3-0 倒刺线、4-0 倒刺线、4-0 血管线、2-0 可吸收缝线、吻合器：切割闭合器（60A）、钉仓（60B、60W）、超声刀头（HAR36）、Ligasure 结扎束（5 mm）。

▶▶ 肛瘘切除术 ◀◀

1. 手术器械：肛周手术器械、探针 、美兰针、勾探针。

2. 手术耗材：7# 丝线、液状石蜡、5 mL 牙科注射器、明胶海绵、20 mL 注射器、吸引器管、吸引头（备用）、显影纱块（8 cm×10 cm）。

▶▶ 内痔环切术（含套扎法） ◀◀

1. 手术器械：肛周手术器械。

2. 手术耗材：半喇叭肛窥、电刀、2-0 可吸收缝线、5 mL 牙科注射器、明胶海绵 、7# 丝线、液状石蜡、油纱布、吸引器管、吸引器头（备用）、显影纱块（8 cm×10 cm）、套扎器。

▶▶ 直肠黏膜环切术（含 PPH 术） ◀◀

1. 手术器械：肛周手术器械。

2. 手术耗材：2-0 滑线、2-0 可吸收缝线、5 mL 牙科注射器、明胶海绵、7# 丝线、液状石蜡、油纱布、显影纱块（8 cm×10 cm）、手套、电笔、吻合器（34 cm）。

〔龚喜雪　贺红梅　鲍亚楠〕

§3.2　神经外科手术用物准备

▶▶ 急性硬膜外血肿清除术 ◀◀

1. 手术器械：开颅手术基础器械、开颅钻、铣刀、双极。

2. 手术耗材：组合针、刀片（22#、11#）、丝线（1#、4#、7#）、吸引器管、2-0 可吸收线、骨蜡、注射器（5 mL、20 mL）、头皮夹、电刀笔、冲洗球、明胶海绵、手术贴膜、显影纱布、脑棉条。

▶▶ 急性硬膜下血肿清除术 ◀◀

1. 手术器械：开颅手术基础器械、开颅钻、铣刀、双极。

2. 手术耗材：组合针、刀片（22#、11#）、丝线（1#、4#、7#）、可吸收线（2-0，4-0）、电刀笔、吸引器管、头皮夹、骨蜡、冲洗球、明胶海绵、手术贴膜、显微镜套、显影纱布、棉被（5 cm×5 cm）、棉条、棉片、注射器（5 mL、20 mL）。

▶▶ 脑内血肿清除术 ◀◀

1. 手术器械：开颅手术基础器械、开颅钻、铣刀、脑肿瘤手术显微器械、双极。

2. 手术耗材：组合针、刀片（22#、11#）、丝线（1#、4#、7#）、可吸收线（2-0，4-0）、电刀笔、吸引器管、头皮夹、骨蜡、冲洗球、明胶海绵、手术贴膜、显微镜套、显影纱布、棉被（5 cm×5 cm）棉条、棉片、注射器（5 mL、20 mL）。

▶▶ 慢性硬膜下血肿钻孔引流术 ◀◀

1. 手术器械：开颅手术基础器械、开颅钻、双极。

2. 手术耗材：组合针、刀片（22#、11#）、丝线（1#、4#、7#）、2-0可吸收线、电刀笔、吸引器管、骨蜡、冲洗球、明胶海绵、手术贴膜、显影纱布、棉条、注射器（5 mL、20 mL）。

▶▶ 颅内肿瘤切除术 ◀◀

1. 手术器械：开颅手术基础器械、开颅钻铣刀、脑肿瘤手术显微器械、双极、DORO脑牵开器械、超声吸引器械、美敦力导航基础器械。

2. 手术耗材：组合针、刀片（22#、11#）、丝线（1#、4#、7#）、可吸收线（2-0，4-0）、电刀笔、吸引器管、头皮夹、骨蜡、冲洗球、明胶海绵、手术贴膜、显微镜套、显影纱布、棉被（5 cm×5 cm）、棉条、棉片、注射器（5 mL、20 mL）、止血材料。

▶▶ 小脑半球肿瘤切除术 ◀◀

1. 手术器械：开颅手术基础器械、开颅钻铣刀、脑肿瘤手术显微器械、

DORO 脑牵开器械、颅后窝手术专用器械。

2. 手术耗材：刀片（22#、11#）、注射器（5 mL、20 mL）、丝线（1#、4#、7#）、组合针、2-0 可吸收线、4-0 可吸收线、电刀笔、电刀擦、骨蜡、吸引器管、明胶海绵、手术贴膜、显微镜套、显影纱布、脑棉被（5 cm×5 cm）、脑棉条、脑棉片、止血材料。

▶▶ 听神经瘤切除术（乙状窦后入路）◀◀

1. 手术器械：开颅手术基础器械、开颅钻、铣刀、微型磨钻、脑肿瘤手术显微器械、DORO 脑牵开器械、后颅凹手术专用器械、超刀头。

2. 手术耗材：刀片（22#、11#）、注射器（5 mL、20 mL）、丝线（1#、4#、7#）、组合针、可吸收线（2-0，4-0）、电刀笔、骨蜡、吸引器管、明胶海绵、手术贴膜、显微镜套、显影纱布、脑棉被（5 cm×5 cm）、脑棉条、脑棉片、止血材料。

▶▶ 颅底肿瘤切除术（嗅沟脑膜瘤）◀◀

1. 手术器械：开颅手术基础器械、开颅钻、铣刀、微型磨钻、脑肿瘤手术显微器械、神外显微器械、双极电凝、DORO 脑牵开器械、超声吸引器械、美敦力导航基础器械。

2. 手术耗材：刀片（22#、11#）、注射器（5 mL、20 mL）、丝线（1#、4#、7#）、组合针、可吸收线（2-0、4-0）、电刀笔、电刀擦、骨蜡、吸引器管、明胶海绵、手术贴膜、显微镜套、头皮夹、显影纱布、脑棉被（5 cm×5 cm）、脑棉条、脑棉片、止血材料。

▶▶ 神经内镜经鼻垂体瘤切除术 ◀◀

1. 手术器械：经鼻蝶颅内镜手术基础器械、小器械、内镜用加长手柄高速磨钻、0° 镜、30° 镜（备用）、双极、光纤、摄像线、颅内镜手术吸引器。

2. 手术耗材：刀片（22#、11#）、注射器（1 mL、5 mL、50 mL）、输血器、吸引器管、骨蜡、明胶海绵、手术贴膜、双极电凝、显影棉条、消融电极、人工硬脑膜、膨胀海绵、止血材料。

▶▶ 颅内动脉瘤夹闭术 ◀◀

1. 手术器械：开颅手术基础器械、开颅钻、铣刀、微型磨钻、脑动脉瘤手术显微器械。

2. 手术耗材：刀片（22#、11#）、注射器（5 mL、20 mL）、丝线（1#、4#、7#）、组合针、可吸收线（2-0、4-0）、电刀笔、电刀擦、骨蜡、吸引器管、明胶海绵、手术贴膜、显微镜套、头皮夹、显影纱布、脑棉被（5 cm×5 cm）、脑棉条、脑棉片、止血材料。

▶▶ 脑动静脉畸形切除术（AVM） ◀◀

1. 手术器械：开颅手术基础器械、开颅钻、铣刀、微型磨钻、脑动脉瘤手术显微器械。

2. 手术耗材：刀片（22#、11#）、注射器（5 mL、20 mL）、丝线（1#、4#、7#）、组合针、可吸收线（2-0、4-0）、电刀笔、电刀擦、骨蜡、吸引器管、明胶海绵、手术贴膜、显微镜套、头皮夹、显影纱布、脑棉被、脑棉条、脑棉片、止血材料。

▶▶ 颈动脉内膜剥脱术 ◀◀

1. 手术器械：颈动脉内膜手术器械、颈动脉内膜手术显微器械、动脉瘤夹持器、双极。

2. 手术耗材：刀片（22#、11#）、丝线（1#、4#、7#）、组合针、电刀笔、吸引器、冲洗球、注射器（1 mL、5 mL、20 mL）、显微镜套、手术贴膜、明胶海绵、可吸收线（2-0、4-0）、套管针（18#、22#）、12# 红色尿管、输血器、引流袋、6-0 血管线。

▶▶ 颞浅动脉-大脑中动脉搭桥术 ◀◀

1. 手术器械：开颅手术基础器械、开颅钻、铣刀、烟雾病手术专用器械、动脉瘤手术专用器械、双极。

2. 手术耗材：刀片（22#、15#、11#）、丝线（1#、4#、7#）、组合针、电刀

笔、电刀擦、吸引器、冲洗球、注射器（1 mL、5 mL、20 mL）、显微镜套、贴膜、明胶海绵、可吸收线（2-0、4-0）、划线笔、10-0 血管线、头皮夹。

▶▶ 颅内动脉瘤栓塞术 ◀◀

1. 手术器械：浅表手术器械、盐水盘。

2. 手术耗材：11# 刀片、注射器（5 mL、20 mL）造影管、穿刺针、导丝、动脉鞘、Y 阀、压力延长管。

▶▶ 椎管内肿瘤切除术 ◀◀

1. 手术器械：开颅手术基础器械、铣刀、椎管手术显微器械、椎管手术专用器械、双极。

2. 手术耗材：刀片（11#、22#）、注射器（5 mL、20 mL）、4# 丝线、组合针、1# 可吸收线、2-0 可吸收线、5-0 可吸收线、7-0 血管线、电刀笔、电刀擦、吸引器管、明胶海绵、显微镜套。

▶▶ 侧脑室腹腔分流术 ◀◀

1. 手术器械：开颅手术基础器械、开颅钻、脑积水分流手术专用器械、双极。

2. 手术耗材：组合针、刀片（22#、11#）、丝线（1#、4#、7#）、注射器（5 mL、20 mL）、吸引管、明胶海绵、骨蜡、腹腔分流管钛钉、显影纱布、脑棉条。

▶▶ 腰大池-腹腔分流术 ◀◀

1. 手术器械：开颅手术基础器械、脑积水分流手术专用器械、双极。

2. 手术耗材：组合针、刀片（22#、11#）、丝线（1#、4#）、2-0 可吸收线、注射器（5 mL、20 mL）、吸引管、腰大池腹腔分流管、显影纱布。

脑室镜下第三脑室造瘘术

1. 手术器械：开颅手术基础器械、开颅钻、光纤、摄像线、脑室操作镜、脑室镜操作器械、双极。

2. 手术耗材：吸引器管、骨蜡、冲洗球、组合针、丝线（1#、4#）、注射器（1 mL、5 mL、20 mL）、刀片（11#、22#）、2-0 可吸收线、明胶海绵、显影纱布、棉条、输血器。

颅神经微血管减压术

1. 手术器械：开颅手术基础器械、开颅钻、铣刀、微血管减压手术显微器械、双极。

2. 手术耗材：组合针、刀片（22#、11#）、丝线（1#、4#、7#）、可吸收线（2-0、4-0）、注射器（5 mL、20 mL）、电刀笔、电刀擦、骨蜡、吸引器管、明胶海绵、手术贴膜、显微镜套、显影纱布、脑棉被、脑棉条、脑棉片、止血材料。

立体定向帕金森病脑深部慢性电刺激术

1. 手术器械：开颅手术基础器械、开颅钻、磨钻、双极、立体定向装备（弓弧系统、头架适配器、微电极、套管针、套管支架、微电极支架、微电极电缆、电极支架、电极支架基座、电极标尺、驱动器及锁紧螺钉、14 mm 手摇钻、驱动器电缆、穿刺针。

2. 手术耗材：组合针、刀片（22#、11#）、丝线（1#、4#、7#）、可吸收线（2-0、4-0）、4-0 滑线、电刀笔、电刀擦、吸引器管、骨蜡、冲洗球、灭菌注射用水、注射器（5 mL、20 mL）、明胶海绵、头皮夹、划线笔、棉条、电极套件、延长导线套件、脉冲发生器、延长导线隧道工具、电极隧道工具、测试电缆、螺丝刀、限深器。

ROSA 机器人辅助下帕金森病脑深部慢性电刺激术

1. 手术器械：开颅手术基础器械、开颅钻、磨钻、ROSA 机器人配件、微电极、套管针、套管支架、微电极支架、微电极电缆、电极支架、电极支架基座、电极标尺、驱动器及锁紧螺钉、14 mm 手摇钻、驱动器电缆、穿刺针。

2．手术耗材：组合针、刀片（22#、11#）、丝线（1#、4#、7#）、可吸收线（2-0、4-0）、4-0 滑线、电刀笔、电刀擦、吸引器管、骨蜡、冲洗球、灭菌注射用水、注射器（5 mL、20 mL）、明胶海绵、头皮夹、划线笔、棉条、显微镜套、电极套件、延长导线套件、脉冲发生器、延长导线隧道工具、电极隧道工具、测试电缆、螺丝刀、限深器。

▶▶ 颅内病变立体定向活检术 ◀◀

1．手术器械：开颅手术基础器械、开颅钻、活检针。

2．手术耗材：组合针、刀片（22#、11#）、4-0 可吸收线、电刀笔、吸引器管、显影纱布、明胶海绵、划线笔，5 mL 注射器、骨蜡。

〔钮敏红　陈　晖　雷红霞〕

§3.3　妇产科手术用物准备

▶▶ 剖宫产手术 ◀◀

1．手术器械：剖宫产手术器械。

2．手术耗材：4# 丝线、22# 刀片、显影纱球、显影纱布垫（35 cm×35 cm）、吸引器管、吸引器头、小儿吸痰管、5 mL 注射器、伤口敷贴。

▶▶ 宫腔镜手术 ◀◀

1．手术器械：宫腔镜电切手术器械或宫腔镜检查手术器械、宫腔镜镜头、宫腔镜镜鞘、光纤、妇科冲洗管。

2．手术耗材：显影纱球、显影纱块（8 cm×10 cm）、腔镜保护套（14 cm×200 cm）。

宫颈锥切手术 ◀◀

1. 手术器械：宫颈锥切曼式手术器械。

2. 手术耗材：吸引器管、吸引器头、11# 刀片、显影纱块（8 cm×10 cm）、显影纱球。

腹腔镜下卵巢手术 ◀◀

1. 手术器械：浅表手术器械、妇科腹腔镜手术器械、腹腔镜镜头、光纤。

2. 手术耗材：11# 刀片、显影纱球、显影纱块（8 cm×10 cm）、吸引器管、冲水管、腔镜保护套（14 cm×200 cm）、腔镜器械袋、伤口敷贴。

腹腔镜下子宫肌瘤手术 ◀◀

1. 手术器械：浅表手术器械、妇科腹腔镜手术器械、妇科腹腔镜粉碎器械、腹腔镜镜头、光纤、超声刀手柄。

2. 手术耗材：11# 刀片、显影纱球、显影纱块（8 cm×10 cm）、吸引器管、冲水管、腔镜保护套（14 cm×200 cm）、腔镜器械袋、伤口敷贴、12 mm 一次性 Trocar、5 mL 注射器、超声刀头（HAR36）。

腹腔镜下全子宫切除术 ◀◀

1. 手术器械：浅表手术器械、妇科腹腔镜手术器械、腹腔镜子宫切除专用器械、腹腔镜镜头、光纤、超声刀手柄、举宫杯头。

2. 手术耗材：11# 刀片、显影纱球、显影纱块（8 cm×10 cm）、吸引器管、冲水管、腔镜保护套（14 cm×200 cm）、腔镜器械袋、伤口敷贴、10 mm 一次性 Trocar、超声刀头（HAR36）。

阴式全子宫切除术＋阴道前后壁修补术 ◀◀

1. 手术器械：宫颈锥切曼式手术器械、开放大手术器械。

2. 手术耗材：电刀笔、电刀擦、吸引器管、吸引器头、丝线（1#、4#、7#）、刀片（11#、22#）、组合针、显影纱球、显影纱块（8 cm×10 cm）、显影纱布垫（35 cm×35 cm）、20 mL 注射器。

▶▶ 腹壁子宫内膜异位灶切除术 ◀◀

1. 手术器械：开放中手术器械。
2. 手术耗材：电刀笔、电刀擦、吸引器管、吸引器头、22# 刀片、显影纱球、显影纱布垫（35 cm×35 cm）、伤口敷贴。

▶▶ 传统妇科开腹手术 ◀◀

1. 手术器械：开放大手术器械。
2. 手术耗材：电刀笔、电刀擦、丝线（1#、4#、7#）、组合针、刀片（11#、22#）、显影纱球、显影纱布（35 cm×35 cm）、显影纱块（8 cm×10 cm）、吸引器管、吸引器头、腹腔引流管、引流袋、伤口敷贴。

〔谢小华　于　从　卢梅芳〕

§3.4　骨科手术用物准备

▶▶ 关节置换术 ◀◀

1. 手术器械：关节置换手术基础器械。
2. 手术耗材：刀片（11#、22#）、吸引器管、吸引器头、电刀笔、电刀擦、长电刀头、组合针、4# 丝线、引流管、引流袋、碘膜（56 cm×45 cm）、1# 可吸收缝线、一次性皮肤缝合器。
3. 特殊：相应品牌专科器械。

▶▶ 胫骨内侧高位截骨术 ◀◀

1. 手术器械：关节置换手术基础器械、小力剪。

2．手术耗材：刀片（11#、22#）、吸引器管、吸引器头、电刀笔、电刀擦、冲洗球、20 mL 注射器、（2.0 mm、2.5 mm）克氏针、显微镜套、引流管、引流袋、无菌棉垫、无菌绷带、2–0 可吸收缝线。

3．特殊：相应品牌专科器械。

▶▶ 骨盆肿瘤手术 ◀◀

1．手术器械：开放大手术器械、关节置换手术基础器械、骨肿瘤关节手术专用器械、脊柱外科胸腰椎后路器械、血管显微器械。

2．手术耗材：刀片（11#、22#）、丝线（1#、4#、7#）、电刀笔、长电刀头、电刀擦、吸引器管、吸引器头、碘膜（56 cm×45 cm）、无菌棉垫、无菌绷带、引流管、引流袋、组合针、1# 可吸收缝线、2–0 可吸收缝线、3–0 血管线、5–0 血管线、2# 缝线、5# 缝线、骨蜡、明胶海绵、冲洗球、线锯、无菌划线笔。

3．特殊：相应品牌专科器械。

▶▶ 经皮椎体后凸成形术（PKP 术）◀◀

1．手术器械：椎体成形器械。

2．手术耗材：11# 刀片、注射器（5 mL、20 mL）、显微镜套、伤口敷贴。

3．特殊：相应品牌专科器械。

▶▶ 腰椎后路减压椎弓根螺钉内固定术 ◀◀

1．手术器械：脊柱外科胸腰椎后路器械。

2．手术耗材：刀片（11#、22#）、组合针、4# 丝线、电刀笔、电刀擦、双极电凝、吸引器管、吸引器头、碘膜、显影纱块（8 cm×10 cm）、明胶海绵、无菌棉垫、引流管、引流袋、骨蜡、花生米、1# 可吸收缝线、2–0 可吸收缝线、脑棉条、50 mL 注射器、14# 胶管。

3．特殊：相应品牌专科器械。

▶▶ 颈椎前路椎间盘摘除植骨融合内固定术 ◀◀

1. 手术器械：颈椎前路手术基础器械、颈椎刮勺。

2. 手术耗材：电刀笔、电刀擦、双极电凝、吸引器管、吸引器头、刀片（11#、22#）、4# 丝线、组合针、2-0 可吸收缝线、4-0 可吸收缝线、骨蜡、明胶海绵、碘膜、注射器（1 mL、5 mL）、显影方纱（8 cm×10 cm）、引流管、引流袋。

3. 特殊：相应品牌专科器械。

▶▶ 椎间孔镜下髓核摘除术 ◀◀

1. 手术器械：脊柱外科椎间孔镜器械、浅表手术器械、光纤、椎间孔镜镜头、摄像线、穿刺套件。

2. 手术耗材：11# 刀片、组合针、4# 丝线、注射器（5 mL、20 mL）、吸引器管、三通管、集液袋、显微镜套、冲水管、棉垫、伤口敷贴、等离子刀头、3 L 等渗冲洗液。

▶▶ 创伤骨科骨折切开复位内固定术 ◀◀

1. 手术器械：上肢手术基础器械、电钻。

2. 手术耗材：2-0 可吸收缝线、4-0 可吸收缝线、刀片（11 #、22 #）、组合针、4 # 丝线、电刀擦、电刀笔、吸引器管、吸引器头、引流管、引流袋、一次性皮肤缝合器、1.5 mm 克氏针。

3. 特殊：相应品牌专科器械。

▶▶ 股骨粗隆间骨折闭合复位内固定术（PFNA 内固定术）◀◀

1. 手术器械：上肢手术基础器械、电钻。

2. 手术耗材：显微镜套、2-0 可吸收缝线、0# 可吸收缝线、22# 刀片、冲洗球、吸引器管、吸引器头、11# 刀片、组合针、4# 丝线、引流管、引流袋、1.5 mm 克氏针、电刀笔。

3. 特殊：相应品牌专科器械。

TFCC 损伤关节镜探查修复术

1．手术器械：光纤、摄像线、2.5 mm 或 1.9 mm 镜头（30°）、刨刀手柄、关节镜基础器械、腕关节镜器械、腕关节牵引架。

2．手术耗材：1．9 mm 刨刀头、无菌驱血带、无菌划线笔、注射器（5 mL、20 mL）、吸引器管、11# 刀片、16 G 套管针、2-0 可吸收缝线、4-0 可吸收缝线、2-0 PDS 线、无菌绷带、无菌棉垫、手指保护套、一次性冲水管、3 L 等渗冲洗液、射频。

尺神经卡压松解术

1．手术器械：浅表手术器械。

2．手术耗材：15 # 刀片、电刀笔、电刀擦、吸引器管、吸引器头、5 mL 注射器、无菌绷带、无菌棉垫、4-0 滑线、4-0 可吸收缝线、神经刺激仪针头、石膏、驱血带。

断指再植术

1．手术器械：浅表手术器械、手外显微器械、手足外手术专用器械。

2．手术耗材：15# 刀片、血管线（8-0、9-0、10-0）、3-0 肌腱线、4-0 可吸收缝线、克氏针（0.8 mm、1.0 mm、1.2 mm）、注射器（5 mL、1 mL）、石膏。

拇外翻截骨矫形术

1．手术器械：浅表手术器械、手足外手术专用器械、足踝专用器械、磨钻、摆锯、摆锯片。

2．手术耗材：刀片（11#、15#）、2-0 可吸收缝线、3-0 可吸收缝线、4-0 滑线、克氏针 (1.2 mm、1.5 mm)、电刀笔、吸引器管、吸引器头、无菌划线笔、50 mL 注射器、显微镜套、无菌棉垫、无菌绷带、下肢驱血带。

3．特殊：相应品牌专科器械。

▶▶ 踝关节骨折切开复位内固定术 ◀◀

1. 手术器械：浅表手术器械、手足外手术专用器械、足踝专用器械。

2. 手术耗材：电刀笔、吸引器管、吸引器头、刀片（15#、11#）、角针、4# 丝线、2-0 可吸收缝线、3-0 可吸收缝线、4-0 滑线、50 mL 注射器、克氏针（1.5 mm、1.2 mm）、驱血带、无菌划线笔、手套、显微镜套、无菌棉垫、无菌绷带、引流管、引流袋。

3. 特殊：相应品牌专科器械。

▶▶ 扁平足矫形术（距下关节稳定术） ◀◀

1. 手术器械：浅表手术器械、手足外手术专用器械。

2. 手术耗材：11# 刀片、4-0 可吸收缝线、电刀笔、电刀擦、吸引器管、吸引器头、显微镜套、5 mL 注射器、无菌棉垫、无菌绷带、石膏。

〔谢小华　陈　浩　陈友姣〕

§3.5　运动医学科手术用物准备

▶▶ 膝关节镜下前十字韧带重建术 ◀◀

1. 手术器械：关节镜基础器械、关节镜手术器械、关节镜前后十字韧带重建器械、编腱台、摄像线、光纤、30° 镜头、刨削手柄。

2. 手术耗材：无菌驱血带、无菌划线笔、16 G 套管针、吸引器管、冲水管、刀片（11#、22#）、无菌绷带、无菌棉垫、克氏针（1.2 mm、1.5 mm、2.3 mm、4.0 mm）、大棉垫、弹力绷带、2-0 慕丝线、组合针、5# 缝线、3-0 可吸收缝线、4-0 滑线、一次性刨刀头、射频。

3. 特殊：带袢钛板、可吸收界面螺钉、高强缝线。

▶▶ 肩关节镜下肩袖修补术 ◀◀

1. 手术器械：关节镜基础器械、关节镜手术器械、肩关节镜器械、摄像线、刨削手柄、30°镜头、光纤、锚钉定位器、肩袖缝合器。

2. 手术耗材：无菌划线笔、16 G 套管针、吸引器管、冲水管、11# 刀片、组合针、2-0 慕丝线、20 mL 注射器、无菌绷带、棉垫、PDS Ⅱ 缝线、一次性刨刀头、磨钻头（圆 + 柱状）、一次性关节套管、一次性过线器、一次性过线针、射频。

3. 特殊：各种型号锚钉。

▶▶ 肩关节脱位镜下 latarjet（骨遮挡）手术 ◀◀

1. 手术器械：摄像线、光纤、30°镜头、刨削手柄、关节镜基础器械、肩关节镜器械、关节镜手术器械、肩关节骨遮挡包。

2. 手术耗材：交换棒（短细）、4.5 mm 空心钻、20 mL 注射器、3-0 可吸收缝线、PDS Ⅱ 缝线、2# 缝线、克氏针（2.5 mm、2.3 mm、2.0 mm）、一次性 7 mm 工作套管、无菌划线笔、16 G 套管针、组合针、2-0 慕丝线、吸引器管、11# 刀片、电刀笔、电刀擦、手套、冲水管、无菌绷带、无菌棉垫、一次性刨刀头、磨钻头（圆 + 柱状）、射频。

3. 特殊：带袢钛板、锚钉、专用高强缝线。

▶▶ 髋关节镜手术 ◀◀

1. 手术器械：关节镜基础器械、镜头（30°、70°）、摄像线、光纤、刨削手柄、髋关节镜器械、锚钉定位器。

2. 手术耗材：无菌划线笔、吸引器管、冲水管、11# 刀片、20 mL 注射器、无菌绷带、棉垫、大棉垫、显微镜套、可伸缩套管切割刀、一次性刨刀头、磨钻头（圆 + 柱状）、射频。

3. 特殊：锚钉。

▶▶ 踝关节镜下距腓韧带重建 + 骨软骨损伤修复术 ◀◀

1．手术器械：关节镜基础器械、关节镜手术器械、关节镜前后十字韧带重建器械、摄像线、光纤、30° 镜头、刨削手柄。

2．手术耗材：无菌驱血带、无菌划线笔、16 G 套管针、手套、克氏针（1.2 mm、2.3 mm）、吸引器管、冲水管、刀片（11#、22#）、20 mL 注射器、无菌绷带、无菌棉垫、弹力绷带、5# 缝线、3-0 可吸收缝线、一次性刨刀头、磨钻头（圆 + 柱状）、射频、石膏。

3．特殊：锚钉、可吸收界面螺钉、高强缝线。

▶▶ 膝关节镜下自体软骨细胞移植术 ◀◀

1．手术器械：摄像线、30° 镜头、光纤、刨削手柄、关节镜基础器械、关节镜手术器械、软骨移植器械。

2．手术耗材：11# 刀片、16 G 套管针、无菌划线笔、3-0 可吸收缝线、5-0 可吸收缝线、吸引器管、冲洗管、无菌手套、注射器（1 mL、5 mL、20 mL）、无菌棉垫、大棉垫、显影方纱、无菌绷带。

〔龚喜雪　贺红梅　牛玉波〕

§3.6　心胸外科手术用物准备

▶▶ 胸腔镜下肺部手术 ◀◀

1．手术器械：胸腔镜手术基础器械、胸外科双关节器械、胸腔镜镜头、光纤、超声刀手柄。

2．手术耗材：可伸缩电刀笔、电刀擦、长电凝钩、丝线（1#、4#、7#）、组合针、11# 刀片、显影纱球、显影纱布垫（35 cm×35 cm）、显影纱块（8 cm×10 cm）、吸引器管、吸痰管、腔镜保护套（14 cm×200 cm）、腔镜器械袋、液状石蜡、胸腔引流管、伤口敷贴、切口保护器、切割吻合器、各种型号钉仓、血管缝线、超声刀头（HAR36）。

▶▶ 传统开胸肺部手术 ◀◀

1. 手术器械：开放大手术器械、胸外科开胸手术专用器械、超声刀手柄。

2. 手术耗材：可伸缩电刀笔、电刀擦、长电凝钩、丝线（1#、4#、7#）、组合针、刀片（22#、11#）、显影纱球、显影纱布（35 cm×35 cm）、显影纱块（8 cm×10 cm）、吸引器管、腔镜器械袋、胸腔引流管、止血材料、伤口敷贴、切割吻合器、各种型号钉仓食管手术、超声刀头（HAR36）。

▶▶ 颈胸腹三切口食管癌手术 ◀◀

1. 手术器械：食管手术基础器械、胸外科双关节器械、胸外科显微器械、胸腔镜镜头、腹部拉钩、光纤、超声刀手柄。

2. 手术耗材：可伸缩电刀笔、电刀擦、长电凝钩、吸引器管、丝线（1#、4#、7#）、刀片（11#、22#）、组合针、显影纱块（8 cm×10 cm）、显影纱布垫（35 cm×35 cm）、显影纱球、液状石蜡、腔镜保护套（14 cm×200 cm）、腔镜器械袋、吸痰管、潘式引流管、胸腔引流管、输血器、切割吻合器、侧侧吻合器、端端吻合器、各种型号钉仓、止血材料、血管线、超声刀头（HAR36）。

▶▶ 胸腺瘤切除术（正中开胸）◀◀

1. 手术器械：胸骨正中切开手术器械、胸外科开胸显微器械、胸骨锯、超声刀手柄。

2. 手术耗材：可伸缩电刀笔、电刀擦、丝线（1#、4#、7#）、组合针、刀片（22#、11#）、显影纱球、显影纱布垫（35 cm×35 cm）、显影纱块（8 cm×10 cm）、吸引器管、腔镜器械袋、液状石蜡、胸腔引流管、止血材料、骨蜡、钢丝针、50 mL 注射器、钢丝针、超声刀头（HAR36）。

▶▶ 纵隔手术（剑突下入路）◀◀

1. 手术器械：胸外科前纵隔手术器械、胸外科胸腔镜器械、胸腔镜镜头、光纤、超声刀手柄。

2. 手术耗材：可伸缩电刀笔、电刀擦、长电凝钩、丝线（1#、4#、7#）、组合针、刀片（22#、11#）、显影纱球、显影纱布（35 cm×35 cm）、显影纱块（8 cm×10 cm）、吸引器管、腔镜保护套（14 cm×200 cm）、腔镜器械袋、液状石蜡、胸腔引流管、止血材料、伤口敷贴、冲水管、5 mm 一次性 Trocar、超声刀头（HAR36）。

▶▶ 胸腔镜下漏斗胸 NUSS 矫形术 ◀◀

1. 手术器械：胸腔镜手术基础器械、矫形器械、胸腔镜镜头、光纤。

2. 手术耗材：可伸缩电刀笔、电刀擦、长电凝钩、丝线（1#、4#、7#）、组合针、刀片（22#、11#）、显影纱球、显影纱布垫（35 cm×35 cm）、显影纱块（8 cm×10 cm）、吸引器管、腔镜保护套（14 cm×200 cm）、腔镜器械袋、胸腔引流管。

▶▶ 肋骨手术 ◀◀

1. 手术器械：胸腔镜手术基础器械、胸外科肋骨手术专用器械、肋骨内固定特殊器械包。

2. 手术耗材：可伸缩电刀笔、电刀擦、吸引器管、吸引器头、丝线（1#、4#、7#）、刀片（11#、22#）、组合针、显影纱块（8 cm×10 cm）、显影纱布垫（35 cm×35 cm）、冰生理盐水、热生理盐水。

▶▶ 胸腔镜下交感神经切断术 ◀◀

1. 手术器械：浅表手术器械、胸交感神经腔镜手术器械、2 mm/5 mm 胸腔镜镜头、光纤。

2. 手术耗材：吸引器管、腔镜保护套（14 cm×200 cm）、11# 刀片、显影纱布垫（35 cm×35 cm）、显影纱块（8 cm×10 cm）、吸痰管、医用胶水、伤口敷贴。

▶▶ 胸外达芬奇机器人手术 ◀◀

1. 手术器械：胸腔镜手术基础器械、达芬奇腔镜手术器械、达芬奇机器人专用器械、达芬奇机器人镜头。

2. 手术耗材：电刀笔、电刀擦、丝线（1#、4#、7#）、组合针、11# 刀片、显影纱球、显影纱布（35 cm×35 cm）、显影纱块（8 cm×10 cm）、吸引器管、液状石蜡、胸腔引流管、伤口敷贴、切口保护器、止血材料、切割吻合器、各种型号钉仓、血管缝线。

▶▶ 心包切除术 ◀◀

1. 手术器械：胸骨正中切开手术器械、胸外科开胸显微器械、胸骨锯、超声刀手柄。

2. 手术耗材：可伸缩电刀笔、电刀擦、电刀笔、吸引器管、刀片（11#、22#、15#）、组合针、显影纱块（8 cm×10 cm）、显影纱球、显影纱布垫（35 cm×35 cm）、骨蜡、钢丝针、50 mL 注射器、28# 引流管、血管缝线、止血材料、超声刀头（HAR36）。

▶▶ 房间隔缺损修补术 ◀◀

1. 手术器械：心脏手术基础器械 1 号、心脏手术基础器械 2 号、心脏手术显微器械、胸骨锯、胸骨牵开器。

1. 手术耗材：刀片（11#、22#）、组合针、吸引器管、冲洗管、心外专用纱布、显影纱块（8 cm×10 cm）、电刀笔、28# 引流管、胶管套管、体外循环管、冲洗器、丝线（1#、4#、7#、10#）、骨蜡、20 mL 注射器、留置套管针、组合针、电刀擦、吸针盘、2-0/3-0 涤纶线、3-0/4-0 血管缝线、钢丝针、2-0/4-0 可吸收缝线、涤纶条、心内除颤器（备）、起搏导线（备）、棉绳、无菌冰屑。

▶▶ 二尖瓣置换术 ◀◀

1. 手术器械：心脏手术基础器械 1 号、心脏手术基础器械 2 号、心脏手术显微器械、胸骨锯、胸骨牵开器、换瓣器械。

2. 手术耗材：刀片（11#、22#）、组合针、吸引器管、冲洗管、心外专用纱布、显影纱块（8 cm×10 cm）、电刀笔、28# 引流管、胶管套管、体外循环管、冲洗器、丝线（1#、4#、7#、10#）、骨蜡、20 mL 注射器、留置套管针、组合针、电刀擦、吸针盘、2-0/3-0 涤纶线、二尖瓣 2-0 换瓣线 、3-0/4-0 血管缝线、钢丝针、2-0/4-0 可吸收缝线、涤纶条、心内除颤器（备）、起搏导线（备）、棉绳、无菌冰屑、左房管、人造瓣膜。

▶▶ 胸主动脉瘤切除术 ◀◀

1. 手术器械：胸骨正中切开手术器械、胸外科开胸显微器械、胸骨锯、超声刀头、超声刀手柄。

2. 手术耗材：刀片（11#、22#）、组合针、吸引器管、冲洗管、心外专用纱布、显影纱块（8 cm×10 cm）、电刀笔、28# 引流管、18# 套管针、冲洗器、丝线（1#、4#、7#、10#）、骨蜡、5 mL/20 mL 注射器、留置套管针、组合针、电刀擦、吸针盘、2-0 涤纶线、血管缝线、钢丝针、3-0/4-0 可吸收缝线、棉绳、血管阻断带、吻合器（备）。

〔钮敏红　陈　晖　李季鸥〕

§3.7　血管外科手术用物准备

▶▶ DSA 下主动脉夹层内隔绝术 ◀◀

1. 手术器械：DSA 手术专用器械。

2. 手术耗材：11# 刀片、22# 刀片、1# 丝线、4# 丝线、7# 丝线、清洁袋、手套、吸引器管、吸引器头、4-0 血管线、5-0 血管线、6-0 血管线、潘氏引流管、液状石蜡、血管阻断带、20 cm×30 cm 贴膜、三通管、主动脉腹膜支架、导丝、导管、动脉穿刺鞘。

▶▶ 肢体动脉瘤切除＋自体血管移植术 ◀◀

1. 手术器械：甲状腺手术器械、血管显微器械。

2. 手术耗材：乳腺针、刀片（10#、11#）、丝线（1#、4#、7#），清洁袋、手套、电刀、吸引器管、吸引器头、4-0 可吸收线、4-0 滑线、6-0 血管线、潘氏引流管、显影方纱 1 包、引流瓶、18# 套管针、20 mL 注射器。

▶▶ 人工血管动静脉内瘘成形术 ◀◀

1. 手术器械：浅表手术器械、血管外科上肢隧道器、血管显微器械。

2. 手术耗材：10# 刀片、电刀、吸引器管、吸引器头、20 mL 注射器、丝线（1#、4#）乳腺针、18# 套管针、血管缝线、4-0 可吸收缝线、显影方纱、清洁袋、手套。

▶▶ 上腔静脉切除 + 人工血管置换术 ◀◀

1. 手术器械：胸骨正中切开手术器械、胸骨锯、胸外科血管显微器械、心脏手术基础器械 1 号、心脏手术基础器械 2 号、心脏手术显微器械。

2. 手术耗材：刀片（11#、22#）、大器械针、肥仔针、丝线（1#、4#、7#、10#）、吸引器管、吸引器头、可伸缩电刀、电刀擦、清洁袋、液状石蜡、显影纱球 5 包、显影方纱、骨蜡、吸针盘、各种型号血管线、18# 套管针、20 mL 注射器。

▶▶ 大隐静脉高位结扎术 ◀◀

1. 手术器械：大隐静脉器械。

2. 手术耗材：11# 刀片、丝线（1#、4#）、清洁袋、4-0 可吸收线、手套、三通管、5 mL 注射器 4 个、电刀、电刀擦、头皮针 5 个、棉垫、绷带、3M 敷贴、自粘绷带。

〔谢小华　于　从　吴仁光〕

§3.8　烧伤整形外科手术用物准备

▶▶ 大面积烧伤削痂 MEEK 皮覆盖术 ◀◀

1. 手术器械：烧伤手术器械、烧伤电动取皮刀、滚轴刀、冲洗盆、普通盆。

2. 手术耗材：22# 刀片、吸引器管、20 mL 注射器、烧伤纱、纱块、大棉垫、绷带、一次性防水单、电刀笔、灯柄、止血带、凡士林纱布、滚轴取皮刀片。

▶▶ 烧伤瘢痕挛缩畸形皮瓣移植术（手部为例）◀◀

1. 手术器械：烧伤整形手术器械。
2. 手术耗材：刀片（11#、22#）、组合针、20 mL 注射器、1# 丝线、吸引器管、烧伤纱、纱块、绷带、一次性治疗巾、针状电刀笔、驱血带、凡士林纱布、75% 乙醇。

〔谢小华 于 从 刘 勇〕

§3.9 泌尿外科手术用物准备

▶▶ 腹腔镜下肾切除术 ◀◀

1. 手术器械：开放大手术器械、泌尿外科腔镜手术器械、腹腔镜镜头、光纤、超声刀手柄。
2. 手术耗材：刀片（11#、22#）、大器械针、肥仔针、丝线（1#、4#、7#）、电刀、电刀擦、吸引器管、吸引器头、手套、50 mL 注射器、引流袋、22# 引流管、液状石蜡、显影方纱、腔镜显影纱条、胸泌保护袋、一次性 Trocar、Hem-o-lok 生物夹、伤口敷贴、止血材料、超声刀头（HAR36）。

▶▶ 腹腔镜下肾部分切除术 ◀◀

1. 手术器械：浅表手术器械、泌尿外科腔镜手术器械、腹腔镜镜头、光纤、超声刀手柄。
2. 手术耗材：刀片（11#、22#）、肥仔针、丝线（1#、4#、7#）、电刀、电刀擦、吸引器管、吸引器头、手套、50 mL 注射器、引流袋、22# 引流管、液状石蜡、显影方纱、腔镜显影纱条、胸泌保护袋、一次性 Trocar、Hem-o-lok 生物夹、伤口敷贴、止血材料、超声刀头（HAR36）。

腹腔镜下根治性肾输尿管全长切除术

1. 手术器械：开放大手术器械、泌尿外科腔镜手术器械、腹腔镜镜头、光纤、超声刀手柄。

2. 手术耗材：22# 刀片、11# 刀片、大器械针、肥仔针、1# 丝线、4# 丝线、7# 丝线、电刀、电刀擦、吸引器管、吸引器头、手套、50 mL 注射器、引流袋、22# 引流管、液状石蜡、显影方纱、腔镜显影纱条、胸泌保护袋、一次性 Trocar、Hem-o-lok 生物夹、止血材料、伤口敷贴、超声刀头（HAR36）。

腹腔镜下肾上腺切除术

1. 手术器械：浅表手术器械、泌尿外科腔镜手术器械、腹腔镜镜头、超声刀手柄、光纤。

2. 手术耗材：刀片（11#、22#）、大器械针、肥仔针、丝线（1#、4#、7#）、电刀、电刀擦、吸引器管、吸引器头、手套、50 mL 注射器、引流袋、22# 引流管、液状石蜡、显影方纱、腔镜显影纱条、胸泌保护袋、一次性 Trocar、Hem-o-lok 生物夹、伤口敷贴、止血材料、超声刀头（HAR36）。

腹腔镜前列腺癌根治术

1. 手术器械：开放大手术器械、回胸代膀腹腔镜手术器械、腹腔镜镜头、超声刀手柄、光纤。

2. 手术耗材：刀片（11#、22#）、大器械针、肥仔针、丝线（1#、4#、7#）、电刀、电刀擦、吸引器管、吸引器头、手套、50 mL 注射器、引流袋、22# 引流管、液状石蜡、显影方纱、腔镜显影纱条、胸泌保护袋、一次性 Trocar、Hem-o-lok 生物夹、伤口敷贴、止血材料、超声刀头（HAR36）。

腹腔镜膀胱癌根治术

1. 手术器械：开放大手术器械、回肠代膀胱腹腔镜手术器械、腹腔镜镜头、光纤、超声刀手柄。

2. 手术耗材：刀片（11#、22#）、大器械针、肥仔针、丝线（1#、4#、7#）、电刀、电刀擦、吸引器管、吸引器头、手套、50 mL 注射器、引流袋、22# 引流管、液状石蜡、显影方纱、腔镜显影纱条、胸泌保护袋、一次性 Trocar、Hem-o-lok 生物夹、伤口敷贴、止血材料、超声刀头（HAR36）。

▶▶ 经皮肾镜碎石取石术（PCNL）◀◀

1. 手术器械：经皮肾镜手术器械、输尿管镜镜头套件、经皮肾镜镜头套件、光纤、扩张鞘一套（18/20F）、钬激光光纤、泌外冲洗管、气压弹道碎石手柄。

2. 手术耗材：11# 刀片、4# 丝线、中角针、输液器、输尿管导管（5F）、腔镜保护套 ×2、3L 盐水冲洗管、45×45 贴膜、漏斗袋、三腔导尿管、液状石蜡、20 mL 注射器 ×2、尿袋 ×2、斑马导丝、带钩导丝、B 超穿刺针、双 J 管、一次性清洁袋、手套、显影方纱、肾造瘘管、B 超穿刺架、小敷贴。

▶▶ 经输尿管镜碎石取石术 ◀◀

1. 手术器械：膀胱镜手术器械、输尿管镜镜头套件、光纤、钬激光光纤、泌外冲洗管、气压弹道碎石手柄。

2. 手术耗材：腔镜保护套、3L 盐水冲洗管、三腔导尿管、液状石蜡、20 mL 注射器、尿袋、斑马导丝、双 J 管、一次性清洁袋、手套、显影方纱、硬膜外导管。

▶▶ 经尿道前列腺电切术（TURP）◀◀

1. 手术器械：膀胱镜手术器械、电切镜镜头、电切镜镜鞘、光纤、电切襻（粗襻）、爱立克。

2. 手术耗材：腔镜保护套 ×2、3L 盐水冲洗管、三腔导尿管、液状石蜡、20 mL 注射器、尿袋、漏斗袋、显影方纱。

▶▶ 膀胱镜下碎石取石术 ◀◀

1. 手术器械：膀胱镜手术器械、经皮肾镜镜头套件、膀胱镜镜鞘、光纤、钬激光光纤、气压弹道碎石手柄。

2．手术耗材：腔镜保护套、3 L 盐水冲洗管、三腔导尿管、液状石蜡、20 mL 注射器、尿袋、手套、显影方纱、漏斗袋。

▶▶ 经尿道膀胱肿瘤电切术 ◀◀

1．手术器械：膀胱镜手术器械、电切镜镜头、电切镜镜鞘、光纤、电切攀（细襻）、爱立克。

2．手术耗材：腔镜保护套 ×2、3 L 盐水冲洗管、三腔导尿管、液状石蜡、20 mL 注射器、尿袋、漏斗袋、显影方纱。

▶▶ 精索静脉结扎术 ◀◀

1．手术器械：浅表手术器械、血管显微器械。

2．手术耗材：显微镜保护套、10# 号刀片、小器械针、1# 丝线、4# 丝线、吸引器管、吸引器头、电刀、手套、显影方纱。

▶▶ 阴茎矫直术 ◀◀

1．手术器械：甲状腺手术器械。

2．手术耗材：10# 刀片、4-0 可吸收缝线、5-0 可吸收缝线、吸引器管、吸引器头、电刀、1 mL 注射器 ×2、5 mL 注射器 ×2、50 mL 注射器 ×2、棉签、油纱块、红色尿管。

▶▶ 输精管吻合术 ◀◀

1．手术器械：浅表手术器械、血管显微器械。

2．手术耗材：导尿包、显微镜保护套、划线笔、15# 刀片、小器械针、1# 丝线、4-0 可吸收缝线、1 mL 注射器，20 mL 注射器、24 号黄色不带翼套管针、vp-902、W2790、8-0 尼龙线 ×4、无菌玻璃片、吸引器管、吸引器头、电刀、显影方纱。

〔龚喜雪　贺红梅　李季鸥〕

§3.10 耳鼻咽喉科手术用物准备

▶▶ 鼻中隔偏曲矫正术 ◀◀

1. 手术器械：鼻中隔手术器械。

2. 手术耗材：光纤、鼻内镜（0°、30°）、15#刀片、4-0可吸收缝线、双极电凝、吸引器管、显影纱块、一次性注射器（5 mL、20 mL）、腔镜保护套、明胶海绵、鼻中隔旋转刀。

▶▶ 鼻内镜下鼻窦切除术 ◀◀

1. 手术器械：鼻窦镜手术器械、鼻窦镜手术专用器械。

2. 手术耗材：光纤、鼻内镜（0°、30°、70°）、双极电凝、鼻钻手柄、吸引器管、显影纱块、20 mL注射器、腔镜保护套、明胶海绵。

▶▶ 鼻畸形矫正术 ◀◀

1. 手术器械：鼻中隔手术器械。

2. 手术耗材：刀片（15#、11#）、一次性手套、吸引器管、吸引器头、4-0可吸收缝线、5-0可吸收缝线、显影纱块、注射器（1 mL、5 mL）、棉签。

▶▶ 电子耳蜗植入术 ◀◀

1. 手术器械：乳突基础器械、乳突专用器械。

2. 手术耗材：刀片（15#、10#）、4-0可吸收缝线、一次性电刀笔、吸引器管、显影纱块、注射器（1 mL、5 mL）、输血器、显微镜套、明胶海绵。

▶▶ 鼓室成形术（听骨链重建术）◀◀

1. 手术器械：乳突基础器械、乳突专用器械。

2. 手术耗材：刀片（15#、11#）、一次性手套、吸引器管、吸引器头、组合针、1# 丝线、4–0 可吸收缝线、显影纱块、注射器（1 mL、5 mL）。

▶▶ 鼓膜置管术 ◀◀

1．手术器械：乳突基础器械、乳突专用。
2．手术耗材：光纤、0° 耳内镜、一次性吸引器管、显影纱块、注射器（1 mL、5 mL）、明胶海绵、鼓膜引流管。

▶▶ 扁桃体切除术 ◀◀

1．手术器械：扁桃体剥离器械、等离子。
2．手术耗材：吸引器管、显影纱块、5 mL 注射器、1000 mL 生理盐水。

▶▶ 腺样体切除术 ◀◀

1．手术器械：扁桃体剥离器械、等离子。
2．手术耗材：70° 鼻内镜、光纤、吸引器管、显影纱块、8 # 乳胶管、1000 mL 生理盐水、5 mL 注射器。

▶▶ 腭咽成形术 ◀◀

1．手术器械：扁桃体剥离器械、头灯、等离子。
2．手术耗材：刀片（11#、15#）、组合针、2–0 可吸收缝线、4–0 可吸收缝线、4# 丝线、吸引器管、显影纱块、5 mL 注射器、针状电刀笔、1000 mL 生理盐水。

▶▶ 全喉切除术 ◀◀

1．手术器械：甲状腺器械、喉癌手术专用器械、气管切开包。
2．手术耗材：刀片（10#、11#）、组合针、丝线（1#、4#、7#）、4–0 可吸收缝线、吸引器管、划线笔、显影纱块、电刀笔、电刀擦、双极、超声刀、超声刀手柄、注射器（5 mL、20 mL）、引流管、引流瓶、棉垫、气管套管。

▶▶ 支撑喉镜下声带息肉摘除术 ◀◀

1. 手术器械：支撑喉缝合器械、支撑喉镜手术器械、支撑喉镜、支撑喉镜支撑架、光纤。

2. 手术耗材：吸引器管、显影纱块、5 mL 注射器。

〔钮敏红　陈　晖　王美华〕

§3.11　口腔颌面外科手术用物准备

▶▶ 唇裂修复手术 ◀◀

1. 手术器械：唇部修复手术器械、针状电刀笔。

2. 手术耗材：刀片（15#、11#）、一次性手套、吸引器管、吸引器头、4-0可吸收缝线、5-0可吸收缝线、6-0可吸收缝线、显影纱块、注射器（1 mL、5 mL）、棉签。

▶▶ 腭裂修复手术 ◀◀

1. 手术器械：腭裂手术器械、针状电刀笔。

2. 手术耗材：刀片（15#、11#）、注射器（1 mL、5 mL）、无菌棉签、一次性手套、吸引器管、吸引器头、组合针、显影纱块、1#丝线、4-0可吸收缝线、脑棉条。

▶▶ 鼻畸形矫正术 ◀◀

1. 手术器械：颌骨手术器械、针状电刀笔。

2. 手术耗材：刀片（15#、11#）、一次性手套、吸引器管、吸引器头、4-0可吸收缝线、5-0可吸收缝线、显影纱块、注射器（1 mL、5 mL）、棉签。

413

颌骨骨折切开内固定术

1. 手术器械：颌骨手术器械、针状电刀笔、钛板、钛钉、螺丝刀、骨动力系统、钻头。

2. 手术耗材：刀片（15#、11#）、一次性手套、吸引器管、吸引器头、4-0可吸收缝线、显影纱块、注射器（1 mL、5 mL、50 mL）、棉签。

正颌手术（以 Le-Fort Ⅰ型截骨术为例）

1. 手术器械：颌骨手术器械、针状电刀笔、钛钉、钛钉、螺丝刀、骨动力手机、钻头、3D模型、导板、口腔拉钩、上颌双颌拉钩。

2. 手术耗材：刀片（15#、11#）、一次性手套、吸引器管、吸引器头、组合针、1#丝线、4-0可吸收缝线、显影纱块、注射器（1 mL、5 mL、50 mL）、棉签、引流管、引流瓶。

涎腺内窥镜手术

1. 手术器械：浅表手术器械、2 mm镜头、光纤。

2. 手术耗材：11#刀片、1#丝线、小器械针、一次性手套、腔镜保护套、吸引器管、吸引器头、4-0可吸收缝线、显影纱块、注射器（1 mL、5 mL、20 mL、50 mL）、三通管。

舌下腺切除术

1. 手术器械：腮腺手术器械、针状电刀笔。

2. 手术耗材：刀片（15#、11#）、一次性手套、吸引器管、吸引器头、4-0可吸收缝线、显影纱块、注射器（1 mL、5 mL）、棉签。

腮腺肿物切除术

1. 手术器械：腮腺手术器械。

2. 手术耗材：15#刀片、组合针、丝线（1#、4#）、4-0可吸收缝线、5-0可吸收缝线、针状电刀笔、注射器（1 mL、5 mL）、吸引器管、引流管、显影纱块

（8 cm×10 cm）、伤口敷贴、灯柄、消毒包。

▶▶ 口咽部恶性肿物切除整复术 ◀◀

1. 手术器械：颌骨手术器械包、腮腺手术器械、针状电刀笔、双极电凝、上颌下颌整形器械、眼科剪、眼科镊、骨动力系统。

2. 手术耗材：刀片（11#、15#、22#）、组合针、一次性手套、吸引器管、吸引器头、4-0 可吸收缝线、5-0 可吸收缝线、9-0 血管缝合线、丝线（0、1#、4#）、显影纱块、注射器（1 mL、5 mL、50 mL）、棉签。

▶▶ 颞下颌关节盘手术 ◀◀

1. 手术器械：颞颌关节镜手术器械。

2. 手术耗材：刀片（15#、11#）、一次性手套、吸引器管、吸引器头、4-0 可吸收缝线、5-0 可吸收缝线、锚固线、1# 丝线、显影纱块、注射器（1 mL、5 mL、50 mL）、组合针、针状电刀笔、射频刀头、锚固钉。

▶▶ 关节镜下颞下颌关节盘手术 ◀◀

1. 手术器械：颞颌关节镜手术器械、内镜镜头、光纤、穿刺器。

2. 手术耗材：11# 刀片、注射器（5 mL、20 mL、50 mL）、一次性手套、显影纱块、腔镜保护套、划线笔。

▶▶ 白内障超声乳化摘除 + 人工晶体植入术 ◀◀

1. 手术器械：白内障显微器械、眼科基础器械。

2. 手术耗材：一次性使用眼科手术刀、眼科手术贴膜、纱布块、医用透明质酸钠、无菌棉签、注射器（1 mL、5 mL）、一次性冲洗针、一次性手套。

▶▶ 玻璃体切除术 ◀◀

1. 手术器械：玻璃体切除器械、眼科基础器械。

2. 手术耗材：一次性玻切套包、眼科手术贴膜、纱布块、医用透明质酸钠、无菌棉签、注射器（1 mL、5 mL）、一次性冲洗针、一次性手套、7-0 可吸收缝线。

▶▶ 眼睑肿物切除术 ◀◀

1. 手术器械：眼睑器械。
2. 手术耗材：刀片、纱布块、无菌棉签、注射器（1 mL、5 mL）、一次性手套、缝线 (6-0、7-0、8-0)。

▶▶ 翼状胬肉切除术 ◀◀

1. 手术器械：翼状胬肉器械。
2. 手术耗材：刀片、纱布块、无菌棉签、注射器（1 mL、5 mL）、一次性手套、10-0 不可吸收缝线。

〔谢小华　陈　浩　李　艳〕